中国科协创新战略研究院智库成果系列丛书·报告系列

科技工作者状况调查年度报告（2020 年）

中国科协创新战略研究院　编

中国科学技术出版社
·北　京·

图书在版编目（CIP）数据

科技工作者状况调查年度报告. 2020 年 / 中国科协
创新战略研究院编. -- 北京：中国科学技术出版社，
2022.6

（中国科协创新战略研究院智库成果系列丛书）

ISBN 978-7-5046-9353-2

Ⅰ. ①科… Ⅱ. ①中… Ⅲ. ①科学工作者 - 调查报告
- 中国 -2020 Ⅳ. ① G316

中国版本图书馆 CIP 数据核字（2021）第 246211 号

策划编辑	王晓义
责任编辑	王 颖
装帧设计	中文天地
责任校对	张晓莉
责任印制	徐 飞

出 版	中国科学技术出版社
发 行	中国科学技术出版社有限公司发行部
地 址	北京市海淀区中关村南大街 16 号
邮 编	100081
发行电话	010-62173865
传 真	010-62173081
网 址	http://www.cspbooks.com.cn

开 本	710mm×1000mm 1/16
字 数	186 千字
印 张	12.25
版 次	2022 年 6 月第 1 版
印 次	2022 年 6 月第 1 次印刷
印 刷	北京盛通印刷股份有限公司
书 号	ISBN 978-7-5046-9353-2/G·949
定 价	89.00 元

（凡购买本社图书，如有缺页、倒页、脱页者，本社发行部负责调换）

中国科协创新战略研究院智库成果系列丛书编委会

编委会顾问　齐　让　方　新

编委会主任　任福君

编委会副主任　赵立新　周大亚　阮　草　邓　芳

编委会成员（按照姓氏笔画排序）

王国强　邓大胜　石　磊　刘　萱　刘春平　杨志宏

张　丽　张丽琴　武　虹　施云燕　赵正国　赵喜加

赵　宇　徐　婕　韩晋芳

办公室主任　施云燕

办公室成员（按照姓氏笔画排序）

王寅秋　刘伊琳　刘敬恺　齐海伶　杜　影　李金雨

钟红静　高　洁　梁　帅　薛双静

中国科协创新战略研究院决策咨询专报选编丛书编委会

编委会主任　任福君

编委会副主任　赵立新　周大亚　阮　草

编委会成员　施云燕　张　丽　刘　萱　杨志宏　石　磊　邓大胜
　　　　　　张丽琴　武　虹

本书编写组

主　　　编　邓大胜

副　主　编　李　慷　徐　婕

编写组成员　于巧玲　石长慧　卢阳旭　刘伊琳　李睿婕　何光喜
　　　　　　张文霞　张明妍　张娟娟　张　静　赵延东　胡林元
　　　　　　黄　辰　程　豪

总　序

　　2013年4月，习近平总书记首次做出建设"中国特色新型智库"的指示。2015年1月，中共中央办公厅、国务院办公厅印发了《关于加强中国特色新型智库建设的意见》，成为中国智库的第一份发展纲领。党的十九大报告更加明确指出要"加强中国特色新型智库建设"，进一步为新时代我国决策咨询工作指明了方向和目标。当今世界正面临百年未有之大变局，我国正处于并将长期处于复杂、激烈和深度的国际竞争环境中，这都对建设国家高端智库并提供高质量的咨询报告，支撑党和国家科学决策提出了新的更高的要求。

　　建设高水平科技创新智库，提高对全社会提供公共战略信息产品的能力，为党和国家科学决策提供支撑，是推进国家创新治理体系和治理能力现代化的迫切需要，也是科协组织服务国家发展的重要战略任务。中共中央办公厅、国务院办公厅印发的《关于加强中国特色新型智库建设的意见》，要求中国科协在国家科技战略、规划、布局、政策等方面发挥支撑作用，努力成为创新引领、国家倚重、社会信任、国际知名的高端科技智库，明确了科协组织在中国特色新型智库建设中的战略定位和发展目标，为中国科协建设高水平科技创新智库指明了发展目标和任务。

　　科协系统智库相较于其他智库具有自身的特点和优势。其一，科协智库能够充分依托系统的组织优势。科协组织涵盖了全国学会、协会、研究会，地方科学技术协会及基层组织，网络体系纵横交错、覆盖面广，这是科协智库建设所特有的组织优势，有利于开展全国性、跨领域的调查、咨询和评估工作。其二，科协智库拥有广泛的专业人才优势。中国科协管理了全国210个学会，涉及理科、工科、农科、医科和交叉学科的专业性学会、协会和研究会，覆盖绝大部分自然科学、工程技术领域和部分综合交叉学科及相应领域的人才，在开展相关研究时可以快速精准地调动相关专业人才参与，有效支撑决策。其三，科协智库具有独立第三方的独特优势。作为中国科技工作者的群团组织，科协不是政府行政部门，也不受政府部门的行政制约，能够充分发挥自身联系广泛、地位超脱的特点，可以动员组织全国各行业各领域广大科技工作者，紧紧围绕党和政府中心工作，深入调查研究，不受干扰，独立开展客观评估和建言献策。

中国科协创新战略研究院（以下简称创新院）是中国科协专门从事综合性政策分析、调查统计以及科技咨询的研究机构，是中国科协智库建设的核心载体，始终把重大战略问题、改革发展稳定中的热点问题、关系科技工作者切身利益的问题等党和国家所关注的重大问题作为选题的主要方向，重点聚焦科技人才、科技创新、科学文化等领域开展相关研究，切实推出了一系列特色鲜明、国内一流的智库成果，其中包括完成《国家科技中长期发展规划纲要》评估，开展"双创"和"全创改"政策研究，服务中国科协"科创中国"行动，有力支撑科技强国建设；实施老科学家学术成长资料采集工程，深刻剖析科学文化，研判我国学术环境发展状况，有效引导科技界形成良好生态；调查反映科技工作者状况诉求，摸清我国科技人才分布结构，探索科技人才成长规律，为促进人才发展政策的制定提供依据。

为了提升创新院智库研究的决策影响力、学术影响力、社会影响力，经学术委员会推荐，我们每年遴选一部分优秀成果出版，以期对党和国家决策及社会舆论、学术研究产生积极影响。

呈现在读者面前的这套《中国科协创新战略研究院智库成果系列丛书》，是创新院近年来充分发挥人才智力和科研网络优势所形成的有影响力的系列研究成果，也是中国科协高水平科技创新智库建设所推出的重要品牌之一，既包括对决策咨询的理论性构建、对典型案例的实证性分析，也包括对决策咨询的方法性探索；既包括对国际大势的研判、对国家政策布局的分析，也包括对科协系统自身的思考，涵盖创新创业、科技人才、科技社团、科学文化、调查统计等多个维度，充分体现了创新院在支撑党和政府科学决策过程中的努力和成绩。

衷心希望本系列丛书能够对科协组织更好地发挥党和政府与广大科技工作者的桥梁纽带作用，真正实现为科技工作者服务、为创新驱动发展服务、为提高全民科学素质服务、为党和政府科学决策服务，有所启示。

前　言

　　中国科协是科技工作者的群众组织，是党领导下的人民团体，其职责是密切联系科技工作者，宣传党的路线、方针、政策；反映科技工作者的建议、意见和诉求，维护科技工作者的合法权益。贯彻落实习近平新时代中国特色社会主义思想，努力营造良好的科技创新生态环境，让科技人才的创造活力竞相迸发，提升对科技人才的思想引领力、情感凝聚力、精神感召力和组织黏合力，是新时代科协组织的职责。为及时反映科技工作者的意见和呼声，推动解决他们遇到的实际困难和问题，在党和政府同科技工作者之间建立畅通稳定的沟通渠道，中国科协不断完善调查制度，建立了覆盖全国的调查站点体系，定期开展科技工作者专项调查。

　　本书是中国科协于 2020 年组织实施的部分全国科技工作者专项调查成果。通过事业单位科研人员人事管理相关制度调查、职称制度改革落实情况调查、人才发展现状与形式调查、我国科技界作风学风检测调查、科技工作者时间利用状况调查、科技工作者科研伦理意识调查，及时掌握科技工作者最期待、最直接、最迫切的问题，及时问需、问策、问效于科技工作者，有助于了解把握科技工作者的整体状况、深化科技管理和人才发展体制机制改革。

希望广大读者正确理解、合理使用本书提供的调查数据，如有任何质疑、批评和指正，欢迎与课题组联系。

中国科协创新战略研究院

2021 年 8 月

目 录
CONTENTS

第一章　事业单位科研人员人事管理相关制度调查 ①

　　为了解和掌握事业单位科研人员、管理人员对人事制度改革实施进展及效果的评价意见，提出完善我国事业单位科研人员人事管理制度的相关对策、建议，2020 年 4 月 8 日至 22 日，中国科协创新战略研究院依托中国科协分布在全国 31 个省（自治区、直辖市）的 161 个高等院校和科研院所调查站点，开展了"事业单位科研人员人事管理相关制度问卷调查"，共回收有效问卷 7385 份。

一、调查及样本情况

　　本次调查采取随机抽样方法选取样本，在调查实施过程中严格遵循社会调查规范，保证了调查的科学性、客观性和准确性。本次调查的单位性质分为科研院所和高等院校，科研院所的受访者占 47.3%，高等院校的受访者占 52.7%。科研院所样本中公益一类单位的受访者占 37.0%，公益二类的占 18.2%；高等院校中公益一类单位占 15.7%，公益二类的占 23.4%。受访者中男性较多，占 54.2%，女性占 45.8%。从年龄看，30 岁以下占 13.4%；30 ~ 39 岁占 52.0%，占比最高；40 ~ 49 岁占 25.3%；50 岁以上占 9.3%。平均年龄为 37.5 岁。工作年限在 5 年及以下的占 29.3%；6 ~ 10 年的占 21.7%；11 ~ 20 年的占 30.2%，占比最高；21 年及以上的占 18.7%。平均年限为 12.1 年。从分布区域来看，东部地区的受访者最多，占 47.5%；中部次之，占 26.3%；西部占 26.1%。受访

---

　　① 本章主要执笔人：徐婕、于巧玲、李慷、胡林元、张静、邓大胜。

者以中级职称和副高级职称为主，分别占 36.2% 和 31.8%；无职称和初级职称的分别占 11.9% 和 9.0%；高级职称占 11.1%。从学历水平来看，博士学历的受访者最多，占 41.4%；硕士学历的次之，占 34.2%；大学本科学历的占 21.2%；高中、中专和大专学历的最少，占 3.1%。从行政职务看，无行政职务的受访者最多，占 69.3%；一般管理人员和中层管理人员（如部门领导）分别占 18.2%、11.7%；高层管理人员（如单位领导）占 0.9%。职业中以大学教师居多，占 41.6%；其次是科学研究人员，占 17.3%；科研教学辅助人员、工程技术人员和科技管理人员分别占 13.5%、13.0% 和 10.0%。从编制情况来看，编制内人员占多数，72.5% 的受访者有事业单位人员编制，20.8% 没有编制或有企业编制。科研院所中编制内人员占 67.8%，没有编制的占 14.5%；高等院校编制内人员占 76.8%，没有编制的占 11.5%。

二、主要发现

（一）科研单位改革进展不一，人事制度改革还需进一步深化

与高等院校相比，科研院所的人事管理改革更需深化。无论是科研单位自主权还是人事制度改革的落实情况，高等院校的改革效果普遍优于科研院所。此次调查显示，科研院所反映编制管理自主权较小或完全不自主的比例（38.6%）高于高等院校（29.8%），且高等院校受访者反映编制优化改革好一些或好很多的比例（52.6%）高于科研院所（43.4%）；在人员聘用方面，科研院所反映人员聘用自主权较小的占 21.6%，高于高等院校（14.2%），此外，科研院所的评聘合一的比例低于高等院校；在职称评定方面，32.8% 的科研院所受访者反映单位在职称评定方面的自主权较小或缺乏自主权，高于高等院校（19.9%）近 13 个百分点；绩效激励方面，科研院所反映自主权小的比例（22.8%）高于高等院校（14.8%）8 个百分点。

公益一类单位改革不彻底更为突出。与公益二类单位相比，公益一类单位的科研单位自主权落实情况更差：近五成（46.8%）的公益一类单位人员反

映编制管理自主权小，高于公益二类单位 6.9 个百分点；在岗位设置、人员聘用和职称评定方面，公益一类单位的自主权落实情况也不尽如人意，分别有32.5%、27.0% 和 37.8% 的受访者反映不自主，高出二类单位 6.8、8.6 和 9.9 个百分点；在绩效工资分配自主权方面，公益一类单位受访者反映自主权较小或完全不自主的占 25.5%，高于二类单位（18.9%）；公益二类单位受访者反映评聘合一的比例（50.2%）高于公益一类（45.5%）。

（二）扩大科研单位和科研人员自主权改革持续推进，单位编制管理自主权小、领军人才科研经费和科研成果处置自主权小的问题较为突出

编制管理自主权小是落实扩大高等院校和科研院所科研相关自主权政策的突出问题。科技部等 4 部门 2019 年印发的《关于扩大高校和科研院所科研相关自主权的若干意见》中指出要"改革相关人事方式""绩效工资分配方式"，高等院校和科研院所在科研方面可以自主聘用工作人员，自主设置岗位，自主开展职称评审，并完善人员编制管理方式。问卷调查发现，仅有34.1% 的受访者反映编制管理有较大或完全自主权，34.0% 的受访者反映单位自主权较小，而在岗位设置、人员聘用、职称评定和绩效工资分配方面，反映有较大自主权或完全自主的都超过五成。

领军人才在技术路线和组建科研团队方面有较大自主权，但在科研经费和科研成果处置方面的自主权相对较小。《关于扩大高校和科研院所科研相关自主权的若干意见》中指出要"赋予创新领军人才更大科研自主权。国家科研项目负责人可根据国家有关规定自主调整研究方案和技术路线，自主组织科研团队"。从调查情况来看，科研团队负责人反映技术路线决策权、组建研究团队自主权较大或完全自主的比例分别占到八成（79.9%）和六成（67.6%），比较突出的是，反映劳务费发放、预算调整、结余经费使用、项目绩效分配等科研经费相关的自主权较小或完全不自主的占四成左右（分别为 41.3%、40.9%、38.8%、34.4%），同时，三成（31.5%）科研团队负责人反映科技成果使用处置方面自主权小。

（三）事业单位人员对编制优化、岗位管理和人员聘用改革持正向评价者居多

事业单位人员对编制和岗位优化改善情况正向评价居多。调查显示，48.2%的事业单位受访者表示与三年前相比，所在单位或单位所在系统在人员编制优化改革方面好一些或好很多；44.6%的受访者反映与三年前相比，在编制内适当调整高级专业技术岗位比例的情况变好。反映自主设置科研岗位方面变好的比例超过半数（54.8%），同时，对科研人员离岗创业和兼职兼薪表示赞同的比例分别占73.7%和66.8%。

在人员聘用方面，聘用自主和评聘相关性情况变好。58.1%的事业单位受访者表示，与三年前相比，所在单位或单位所在系统在自主聘用工作人员方面好很多或好一些。改革后评聘合一情况较好，虽然存在高评低聘现象，但并不普遍。近半数（47.6%）受访者反映单位中评过职称的人可以聘到相应岗位上，34.8%的受访者表示单位存在高评低聘现象，22.8%的受访者反映是个别现象。

人才平等方面，海内外人才一视同仁情况变好，编制内外同工不同酬问题依然存在。40.9%的受访者表示，与三年前相比，所在单位或单位所在系统对本土培养人才和海外引进人才一视同仁、平等对待的状况好很多或好一些。单位内部同时存在编制和非编制岗位的高等院校和院所工作者中，23.8%的受访者反映编制内外科研人员同工不同酬，福利待遇差别较大的问题非常严重或比较严重，反映这一问题比较不严重或基本不存在的比例占47.8%。

（四）"四唯"现象仍较为突出，科研人员支持实行以能力业绩贡献为导向的评价标准以及职称评审代表作制度

人才评价中"四唯"导向依然存在，考核频繁、人情干扰问题转好。近五成（49.5%）受访者反映所在单位人才评价考核中"唯论文、唯职称、唯学历、唯奖项"问题非常突出或比较突出，学历和职称越高者反映此问题严重的比例越高。五成左右受访者反映单位在评价论文时"SCI至上"（47.6%）或更倾向发国际期刊和英文论文（50.9%）。46.7%的受访者反映目前评价周期和频次问

题不突出，超过四成的受访者（41.2%）反映单位在"评价考核时人情因素过多"的问题不太突出或基本不存在。

推行以业务能力为主，兼顾不同岗位特点的人才评价标准是事业单位科研人员的普遍心声。人才评价的设置，应以业务能力评价为主，同时兼顾不同岗位特点。超过半数（52.7%）事业单位受访者反映人才应看重业务能力。事业单位人员表示基于不同岗位特点，评价标准的主导也应该有不同侧重。工程技术人员认为根据其岗位特点，人才评价应以业务能力（58.2%）、岗位业绩（36.9%）和应用效果（27.4%）为标准；科学研究人员反映业务能力（54.0%）、岗位业绩（35.8%）和代表作质量（32.1%）应该是人才评价的标准；大学教师认为应看重业务能力（48.3%）、代表作质量（32.6%）和岗位业绩（30.8%）。

改革后职称评审权限合理下放和高层次人才职称评审方面获积极评价，实行代表作评价制度的呼声较高。超过半数受访者反映职称评审权限合理下放方面变好。14.2%的受访者表示，与三年前相比，所在单位或单位所在系统在职称评审权限合理下放方面好很多，37.2%的受访者反映好一些；48.3%的受访者反映，与三年前相比，所在单位或单位所在系统对引进的急需紧缺高层次人才和有突出贡献的人才，职称评审不设资历和年限门槛的情况变好。职称评审制度作为人才评价的主要标准之一，科研人员更加推崇代表作评价制度，66.0%的事业单位人员表示非常赞成或比较赞成职称评审推行代表作评价制度。

（五）科研人员对收入分配激励改革的获得感和满意度有待提高

收入分配改革效果明显。近五成受访者表示与三年前相比，绩效工资向科研人员倾斜（48.9%）、收入分配政策体现以增加知识价值为导向（48.5%）的情况变好。在科研项目间接费和人头费方面，48.3%的受访者反映与三年前相比变好，提高科研人员转化收益比例方面也有近五成（49.7%）反映比三年前更好。

科研人员对收入分配政策改革的获得感与科研管理人员相比差距较大。无论是绩效工资向科研人员倾斜、以增加知识价值为导向的收入分配政策改革，还是科研项目间接费和人头费比例、提高科研人员成果转化收益分享方面，科研人员反映改革后情况变好比例都显著低于科研管理人员。不到四成（39.7%）的科研人员反映与三年前相比绩效工资向科研人员倾斜情况变好，而科技管理人员这种反映的比例达六成（61.9%）；以增加知识价值为导向的收入分配政策改革方面，科研人员和科技管理人员反映变好的比例分别为 40.6% 和 60.1%；43.8% 的科研人员反映提高科研项目间接费和人头费比例方面与三年前相比变好，科技管理人员这一比例为 59.6%；47.6% 的科研人员反映提高科研人员成果转化收益比例方面与三年前相比变好，科技管理人员这一比例为 60.4%。

（六）事业单位人事管理行政化倾向仍较为明显，制约科研人员积极性

科研单位行政化管理，科研人员受行政化束缚是人事管理的突出问题。中共中央印发的《关于深化人才发展体制机制改革的意见》提出，要"纠正人才管理中存在的行政化、'官本位'倾向，防止简单套用党政领导干部管理办法管理科研教学机构学术领导人员和专业人才"。但调查数据显示，科研单位和科研人员行政化管理仍是目前人事管理制度中较为突出的问题。34.2% 的事业单位受访者反映科研单位机构行政化管理是事业单位科研人员人事管理存在的突出问题，有 28.8% 的受访者反映部分人事管理制度仍然有行政化管理倾向，18.6% 的受访者反映目前单位内专业技术人员出国交流受限，按行政人员管理的问题非常严重或比较严重。

三、扩大科研事业单位及科研人员自主权落实状况

（一）科研事业单位自主权

1. 编制管理自主权限较小的问题最为突出

《关于扩大高校和科研院所科研相关自主权的若干意见》中指出要"改革相关人事方式""绩效工资分配方式"，高等院校和科研院所在科研方面可以

自主聘用工作人员，自主设置岗位，自主开展职称评审，并完善人员编制管理方式。

用人单位自主权中编制管理自主权较低问题突出。超过三成（34.0%）的受访者表示所在单位在编制管理方面有较小自主权或完全不自主，与反映具有较大自主权或完全自主的比例（34.1%）相当，并且在调查列举的五项自主权（编制管理、岗位设置、人员聘用、职称评定、绩效考核和分配）中，编制管理自主权的比例远低于其他几项。46.8%的公益一类单位受访者反映单位在编制管理方面自主权较小或完全不自主，公益二类单位此比例为39.9%。科研院所反映编制管理方面自主权较小或完全不自主的比例（38.6%）高于高等院校（29.8%）（图1-1）。

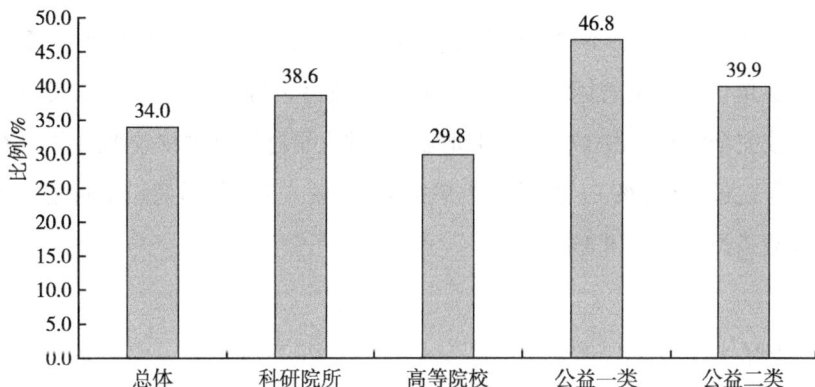

图 1-1　受访者反映编制管理自主权比例

2. 科研事业单位岗位设置、人员聘用、职称评定、绩效工资分配自主权落实情况相对较好

超两成受访者反映单位岗位设置自主权小。超过半数（52.1%）的受访者反映单位在岗位设置方面有较大自主权或完全自主，反映自主权较小或完全不自主的受访者占22.9%。科研院所反映不自主的比例（25.9%）高于高等院校（20.3%），科研院所反映单位没有自主设置岗位权限问题非常突出和比较突出的占25.9%，高于高等院校（19.7%），两者反映岗位设置自主的比例分别为51.0%、53.0%，公益一类单位和二类单位反映岗位设置自主的比例分别为50.3% 和55.1%（图1-2）。

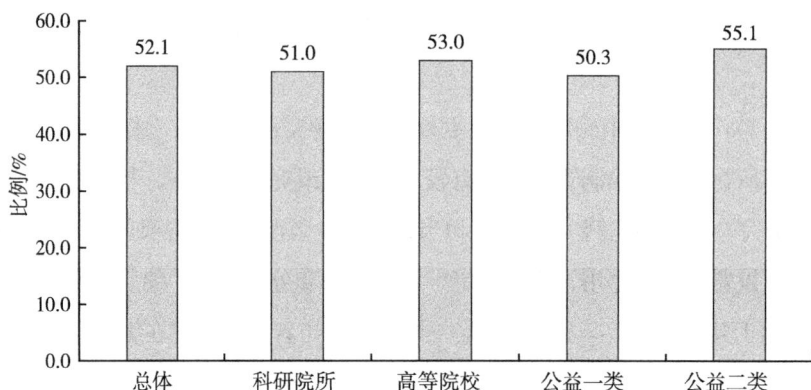

图 1-2　超过半数受访者反映单位岗位设置自主

　　不到两成受访者反映单位人员聘用自主权小，超过六成（62.5%）受访者反映所在单位在人员聘用方面有较大自主权或完全自主（图 1-3），反映自主权较小或完全没有的占 17.7%。科研院所反映人员聘用自主权较小的占 21.6%，高于高等院校（14.2%）。公益一类单位（27.0%）反映人员聘用不自主的比例高于公益二类单位（18.4%）。

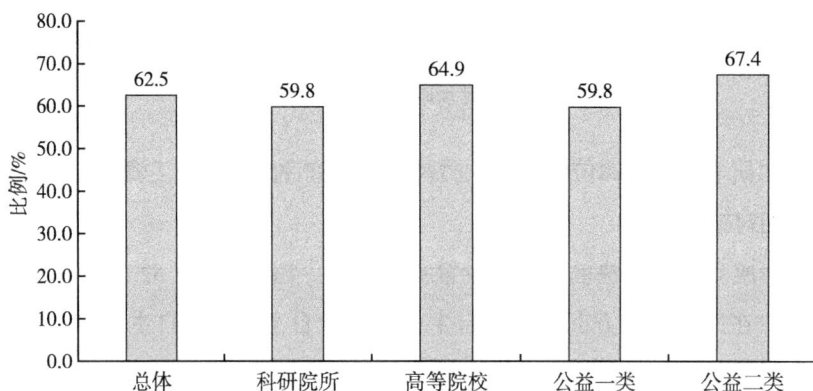

图 1-3　超过六成受访者反映单位人员聘用自主权大

　　四分之一左右的受访者反映单位职称评定自主权小或单位没有评审高级职称权限。24.1% 的受访者反映单位没有评审高级职称的权限这一问题非常突出或比较突出，科研院所反映这一问题突出的比例（28.4%）高于高等院校（20.2%），公益一类单位（32.4%）要高于公益二类单位（25.3%）；26.0% 的受访者反映单位在职称评定方面没有自主权或自主权较小，32.8% 的科研院所受访者反映单位在职称评定方面的自主权较小或缺乏自主权，高于高等院校（19.9%），公益一类单位反映职称评定缺乏自主权或有较小自主权的比例（37.8%）高于公益二类单位（27.9%），如图 1-4 所示。

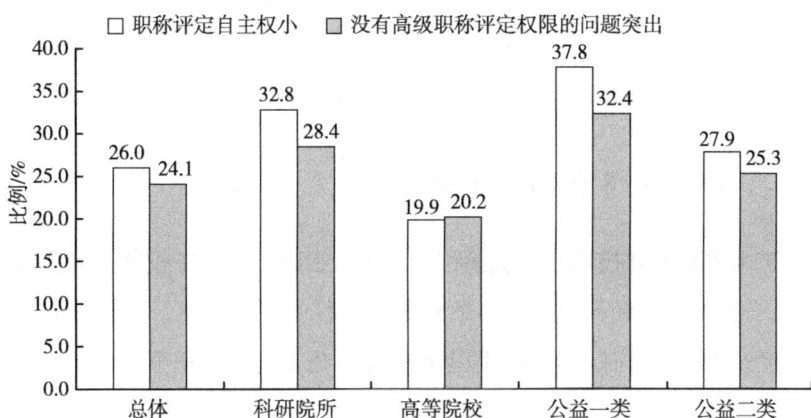

图 1-4　受访者反映职称评定权限小

不到两成受访者反映单位绩效工资分配自主权较小或不自主。60.7% 的受访者反映单位在绩效工资分配方面完全自主或有较大自主权，反映有较小自主权和完全不自主的占 18.6%，高等院校绩效工资分配和公益二类绩效考核分配自主权落实情况（分别为 64.3%、66.1%）优于科研院所和公益一类单位（分别为 56.6%、60.1%）。70.0% 的受访者表示本单位无法自主决定绩效考核和绩效分配办法的问题不太突出或不存在，反映问题突出的占 17.8%，高等院校和公益二类单位反映这一问题突出和非常突出的比例（分别为 73.7%、73.5%）低于高等院校和公益一类单位（分别为 65.9%、64.6%）。如图 1-5 所示。

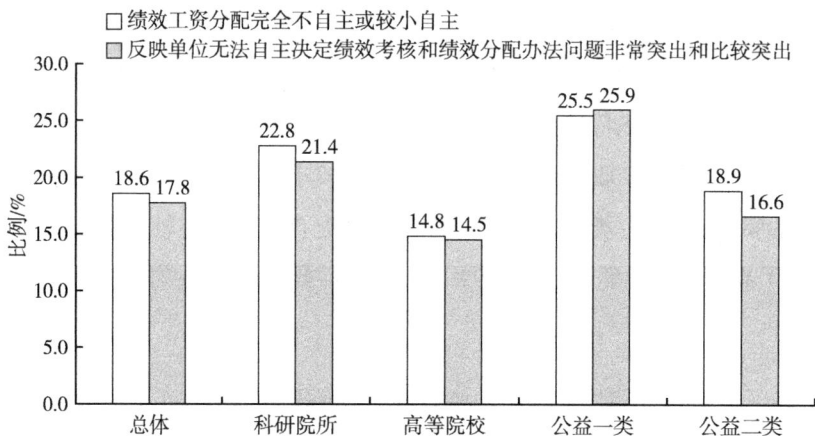

图 1-5　各单位绩效考核和绩效工资分配情况

（二）领军人才科研自主权

1. 扩大领军人才技术路线决策和科研团队组建方面自主权落实情况较好

《关于扩大高校和科研院所科研相关自主权的若干意见》中指出要"赋予创新领军人才更大科研自主权。国家科研项目负责人可根据国家有关规定自主调整研究方案和技术路线，自主组织科研团队。"从调查情况来看，科研团队负责人或学术带头人在技术路线和组建科研团队方面有较大自主权，但还需进一步扩大科研经费和科研成果处置方面的自主权。

多数受访者反映单位项目负责人或学术带头人技术路线自主决策权落实情况较好。近七成（69.8%）受访者反映单位的项目负责人或学术带头人在技术路线决策权方面完全自主或有较大自主权，反映自主权小的约占一成（10.6%）。科研院所和高等院校反映有完全自主权和较大自主权的比例（分别为 69.6%、70.0%）均在七成左右；公益一类单位和二类单位（分别为 74.6%、74.5%）相差不大；科研团队负责人中，79.9% 的受访者反映技术路线决策权方面完全自主或有较大自主权，如图 1-6 所示。

超过六成受访者反映单位项目负责人或学术带头人组建团队有完全自主权或较大自主权。65.8% 的受访者反映单位项目负责人或学术带头人在研究团队组建方面完全自主或有较大自主权，反映自主权小的占 16.0%。科研院所和

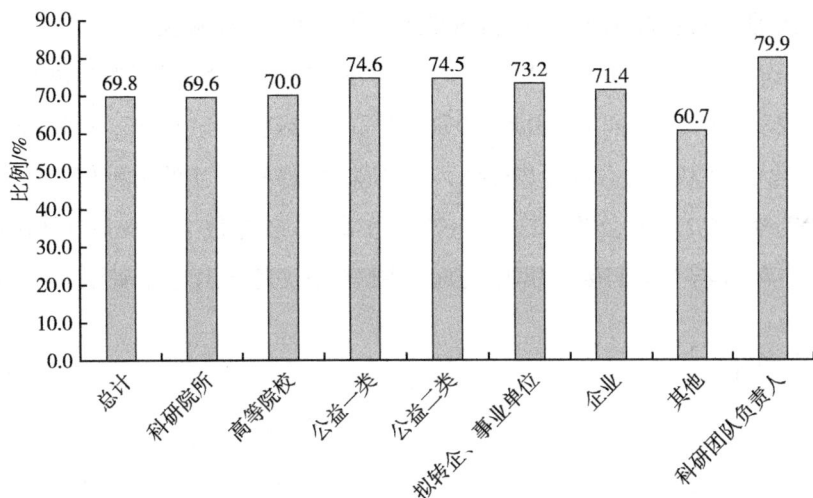

图 1-6 项目负责人在技术路线决策权方面有较大自主权

高等院校受访者反映项目负责人或学术带头人在研究团队组建方面有较大自主权或完全自主的占 62.8% 和 68.5%；公益一类和二类单位相差不大，分别为 68.5% 和 68.6%，接近七成反映完全自主或有较大自主权；科研团队负责人中有 67.6% 的受访者反映完全自主或有较大自主权，如图 1-7 所示。

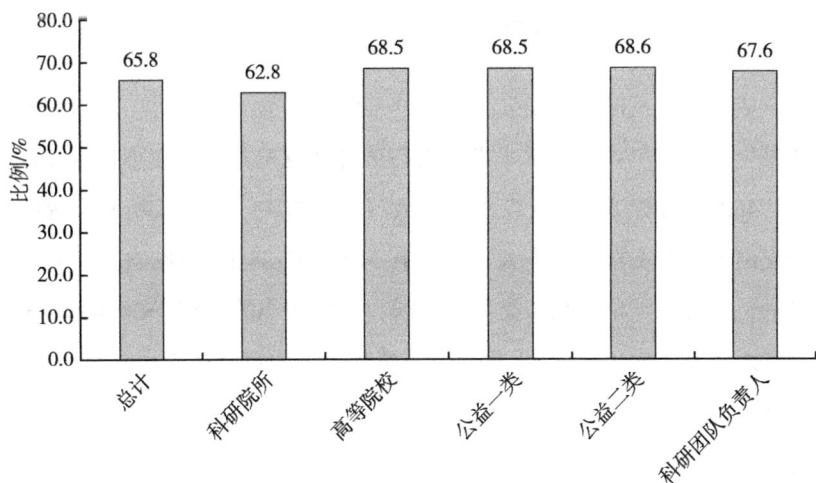

图 1-7 项目负责人组建团队自主权限较大

2. 领军人才的科研经费和科研成果处置方面自主权限较低

三成受访者反映间接费用调整方面不自主。30.7% 的受访者反映单位内项目负责人或学术带头人在间接费用调整方面完全不自主或有较小自主权，反映完全自主或有较大自主权的约占四成（39.9%）。科研院所反映不自主的比例（34.7%）高于高等院校（27.2%）；公益一类单位（37.9%）高于二类单位（33.9%）；科研团队负责人中有 44.4% 反映间接费用调整方面自主权较小或完全不自主，如图 1-8 所示。

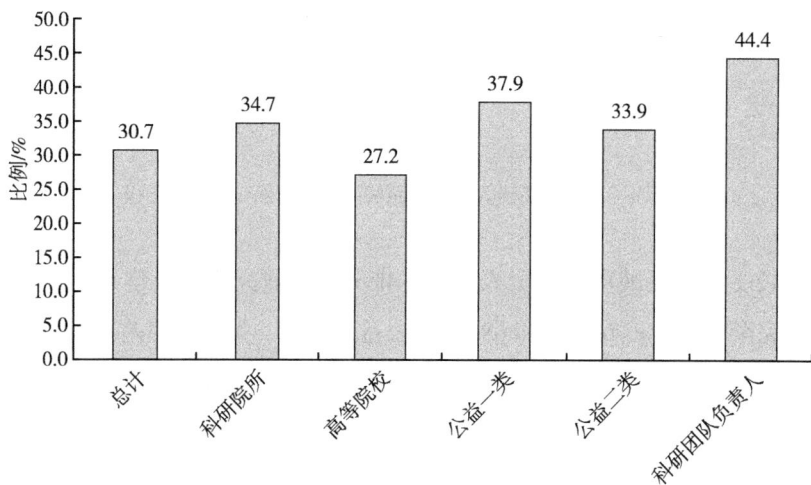

图 1-8　反映项目负责人间接费用调整不自主的比例

近三成受访者反映项目负责人在劳务费支出方面自主权小。29.8% 的受访者反映单位内项目负责人和学术带头人在劳务费支出方面有较小自主权或完全不自主，46.6% 的受访者反映自主权较大或完全自主。科研院所和高等院校在劳务费支出方面自主权相差不大，分别有 31.5% 和 28.2% 反映自主权较小或完全不自主；公益一类单位和二类单位反映自主权较小的分别有 34.4% 和 33.5%；团队负责人中有四成（41.3%）反映劳务费支出方面自主权较小或完全不自主，如图 1-9 所示。

近三成受访者反映项目预算调整自主权小或完全不自主。28.8% 的受访者反映单位项目负责人在项目预算调整方面自主权较小或完全不自主，近五成（48.4%）反映完全自主或有较大自主权。科研院所反映不自主的比例

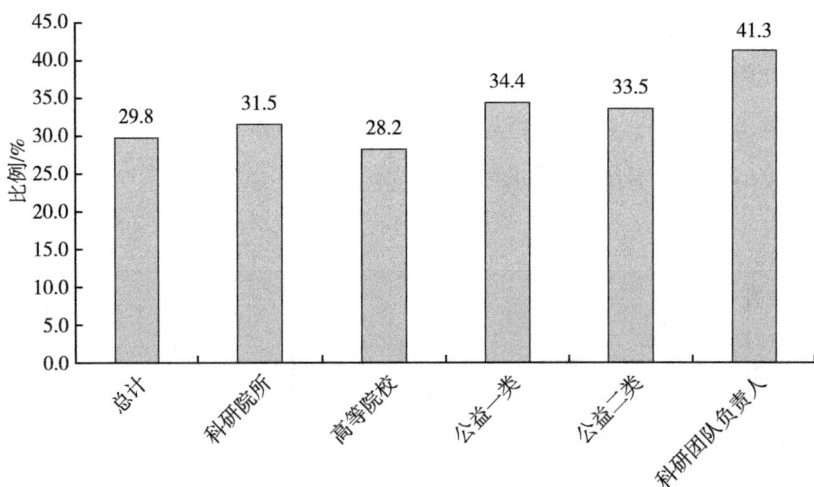

图 1-9　反映项目负责人劳务费支出不自主的比例

（32.2%）高于高等院校（25.6%）；公益一类单位（36.1%）要高于公益二类单位（31.2%）；40.9% 的科研团队负责人反映在项目预算调整方面完全不自主或有较小自主权，如图 1-10 所示。

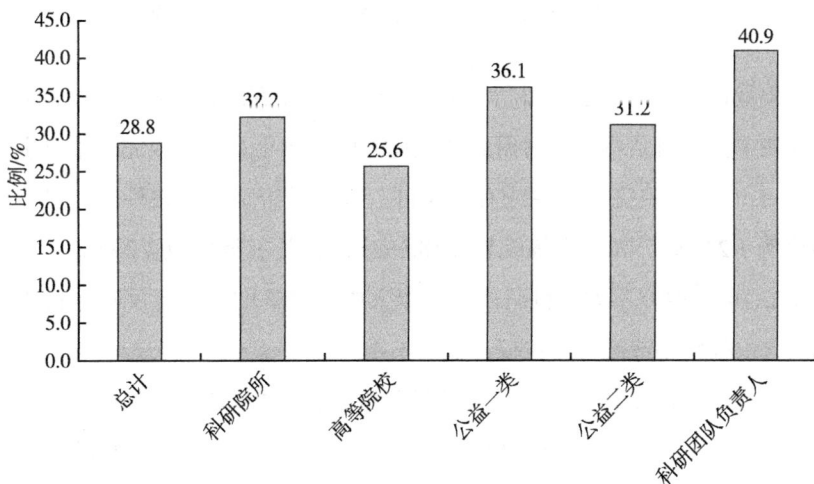

图 1-10　反映项目负责人项目预算自主权小的比例

近三成受访者反映单位内项目负责人结余经费使用不自主。28.1% 的受访者反映单位内项目负责人或学术带头人在结余经费使用方面有较小自主权或完全不自主，反映完全自主或自主权大的占四成（41.2%）。科研院所反映这一问题的比例（31.6%）高于高等院校（25.0%）；公益一类单位（35.6%）高于二类单位（32.0%）；团队负责人中接近四成（38.8%）反映结余经费使用方面自主权较小或完全不自主，如图1-11所示。

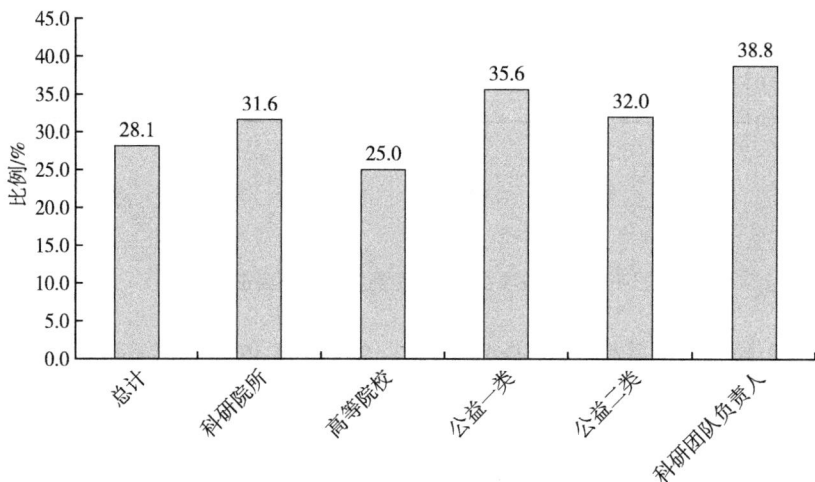

图 1-11　反映项目负责人结余经费使用不自主的比例

两成受访者反映单位项目负责人科研经费支配方面自主权小。21.0% 的受访者反映单位项目负责人在科研经费支配方面有较小自主权或完全不自主，近六成（59.5%）反映完全自主或有较大自主权。科研院所反映科研经费自主权小的比例（23.4%）高于高等院校（18.9%）；公益一类单位（24.4%）和二类单位（23.1%）相差不大；科研团队负责人中26.2%的受访者反映在科研经费方面的自主权较小或没有自主权，如图1-12所示。

约四分之一的受访者反映单位项目负责人在项目绩效分配方面自主权小。24.4% 的受访者反映单位内项目负责人在项目绩效分配方面自主权较小或完全不自主，半数的受访者（50.15%）反映自主权较大或完全自主。科研院所中反映项目负责人自主权小的比例（27.1%）高于高等院校（21.9%）；公益一类单位（30.4%）高于公益二类单位（26.2%）；科研团队负责人中有34.4%反映项目绩效分配方面自主权较小或完全不自主，如图1-13所示。

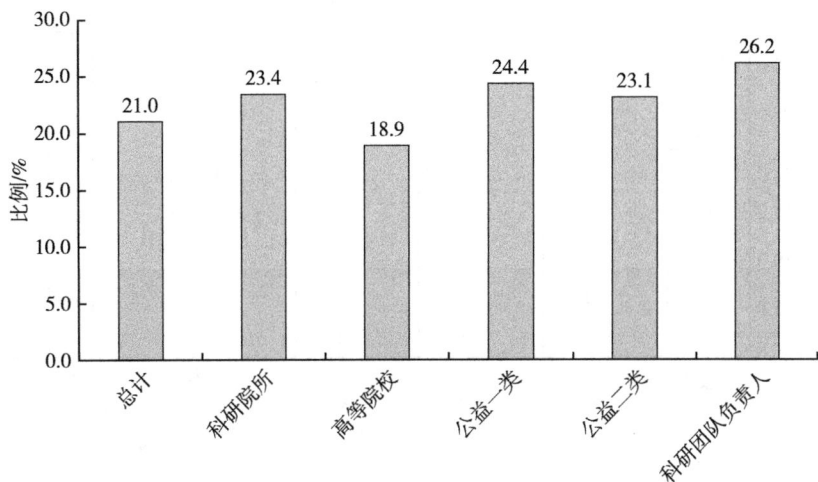

图 1-12 反映项目负责人科研经费支配不自主的情况

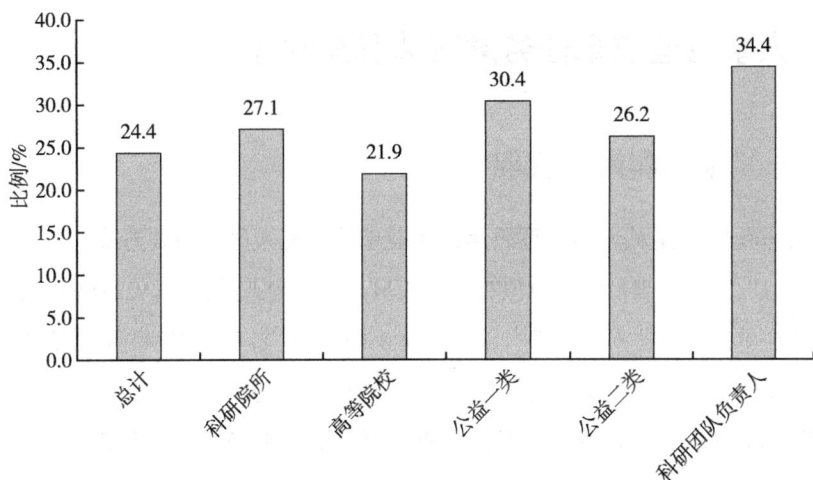

图 1-13 反映科研团队负责人项目绩效分配不自主的比例

两成受访者反映单位内项目负责人科技成果使用处置方面自主权小。21.4%的受访者反映单位内项目负责人或学术带头人在科技成果使用处置方面完全没有自主权或有较小自主权，46.1%的受访者反映有较大自主权或完全自主。科研院所反映项目负责人科技成果使用处置自主权小的比例（25.2%）高于高等院校（17.9%）；公益一类单位（26.7%）高于二类单位（23.8%）；科研团队负责人中有三成（31.5%）反映科技成果处置方面缺乏自主权或自主权较小，如图 1-14 所示。

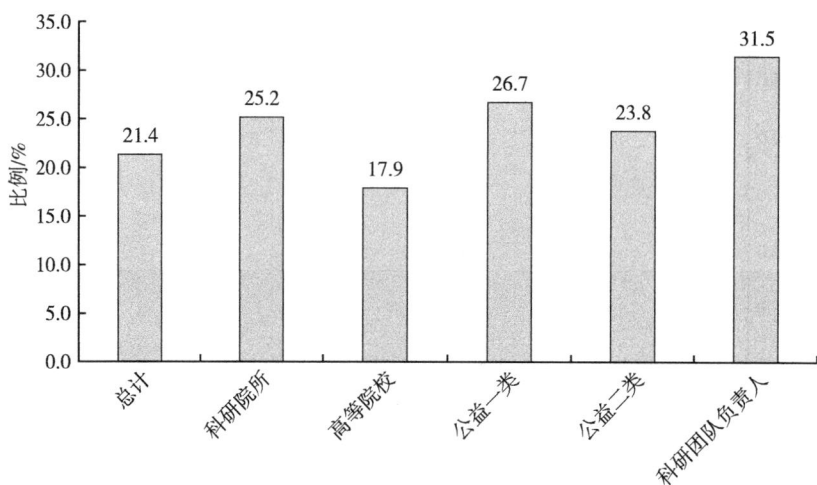

图 1-14　反映科研团队负责人科技成果使用处置不自主的比例

四、人事管理改革任务落实情况及问题

（一）编制和岗位管理

1.非编制聘用和人事代理聘用是事业单位补充人员的重要方式

近五成受访者表示所在单位有编制人员和无编制人员共存。29.0% 的受访者表示所在单位专业技术人员都有编制，46.8% 的受访者反映有编制和没有编制共存，但总体上有编制人员数大于无编制人员数，具体表现为，39.2% 的受访者反映有编制人员数大于没编制人员数，有编制人员数小于没编制人员数和都没有编制的比例较低，分别为 7.5% 和 3.2%。科研院所和高等院校相比，反映都有编制的比例更高，科研院所为 32.3%，高等院校为 26.1%，高等院校反映有编制人员数大于无编制人员数的比例（42.5%）高于科研院所（35.6%），如图 1-15 所示。

公益一类单位中反映专业技术人员都有编制的比例最高（45.0%）；46.9% 的受访者反映单位内存在没有编制的专业技术人员，其中反映有编制大于无编制人员数的占 40.9%，有编制人员数小于没编制数的占 6.0%；公益二类单位的受访者中，反映专业技术人员都有编制的占 27.0%，有编制人员数大于没编制人员数的占 51.8%,10.0% 反映有编制人员数小于没编制人员数，如图 1-15 所示。

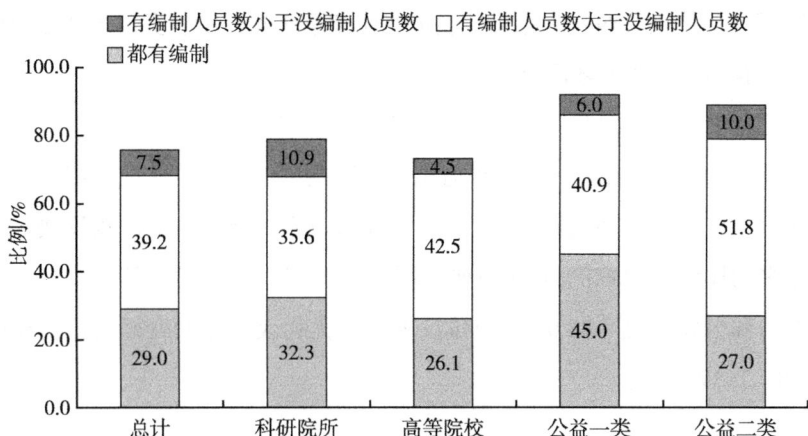

图 1-15 受访者单位的编制情况

非编制内专业技术人员以非编制聘用和人事代理聘用形式为主。单位存在无编制人员的受访者中，41.8% 反映所在单位采取非编制聘用的方式聘用专业技术人员，如以项目聘用制，但和单位签订聘用合同；40.7% 反映采用人事代理聘用方式，即劳动合同与单位签订，社保等由人事服务公司交纳。科研院所受访者中，超过半数（51.8%）反映单位采用非编制聘用方式，其次是劳务派遣制（34.6%）。高等院校中采用人事代理制度的更多（52.1%），其次是非编制聘用（33.1%）。公益一类单位反映采用非编制聘用形式的最多（53.2%），公益二类则是以人事代理形式最多（46.2%），但与非编制聘用比例（43.6%）相差不大。如图 1-16 所示。

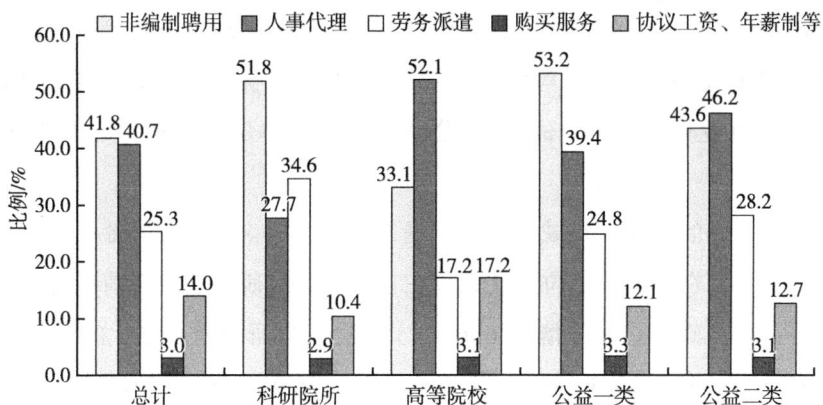

图 1-16 受访者单位编外人员的聘用方式情况

2. 事业单位人员对编制和岗位设置优化改革正向评价居多，表现在职称评审权限下放和高层次人才评审放宽

受访者中对人员编制优化改革正向评价者居多，企业单位的情况优于事业单位。48.2%的受访者表示与三年前相比，所在单位或单位所在系统在人员编制优化改革方面好一些或好很多，17.8%反映没有变化。高等院校反映好一些或好很多的比例（52.6%）高于科研院所（43.4%）。在单位性质中，公益二类（49.4%）和公益一类（48.0%）单位反映编制优化改革方面变好的比例相差不大。如图1-17所示。

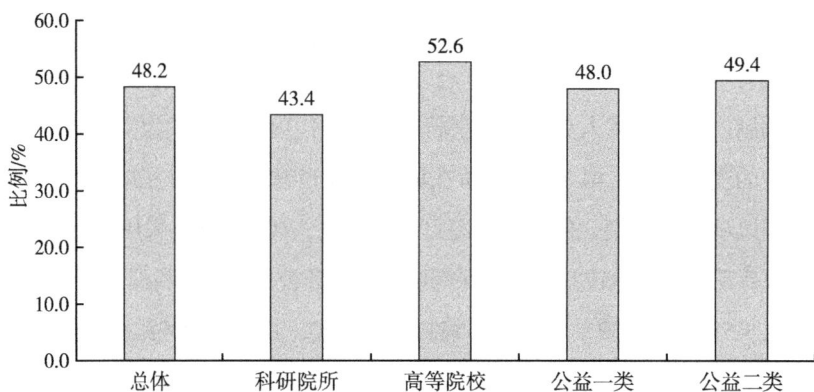

图1-17 受访者反映编制优化改革变好的比例

四成受访者反映在编制内适当调整高级专业技术岗位的情况变好。44.6%的受访者反映，与三年前相比，在编制内适当调整高级专业技术岗位比例的情况好很多或好一些。高等院校的情况（47.9%）优于科研院所（40.9%），公益一类事业单位（46.6%）好于公益二类事业单位（43.6%）。如图1-18所示。

超过五成的受访者反映自主设岗情况变好。54.8%的受访者反映，与三年前相比，所在单位或单位所在系统在自主设置科研岗位方面情况变得好很多或好一些。高等院校的情况（56.1%）要优于科研院所（53.4%），公益一类事业单位（56.7%）和公益二类事业单位（56.9%）相差不大。如图1-19所示。

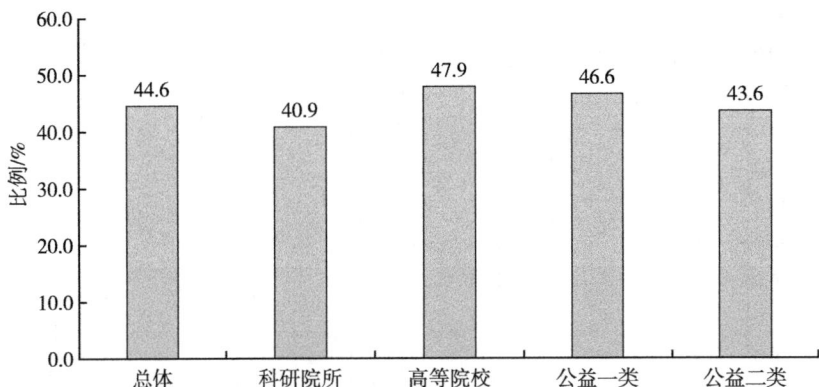

图 1-18　受访者反映调整高级专业技术岗位变好的比例

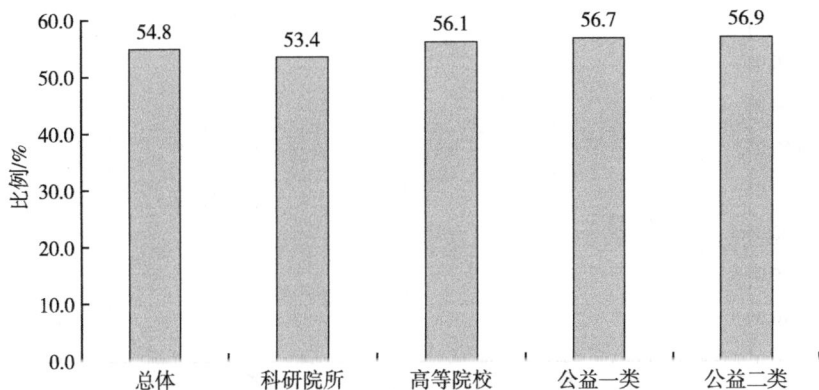

图 1-19　受访者反映单位自主设岗情况变好的比例

3. 多数事业单位人员对兼职兼薪和离岗创业表示支持

超过七成的受访者认同科研人员可以兼职兼薪。此次调查显示，73.7% 的受访者对科研人员可以兼职兼薪非常赞成或比较赞成。高等院校的这一比例（76.2%）高于科研院所（70.9%），公益一类事业单位（78.0%）和二类单位（79.1%）相差不大。如图 1-20 所示。

超过六成受访者赞同科研人员保留现有身份离岗创业。66.8% 的受访者对科研人员可以保留现有身份离岗创业非常赞成或比较赞成。科研院所和高等院校的受访者态度相差无几，分别有 67.1% 和 66.6% 表示赞同。公益一类单位表示赞同的比例（76.9%）高于公益二类（73.4%）。如图 1-21 所示。

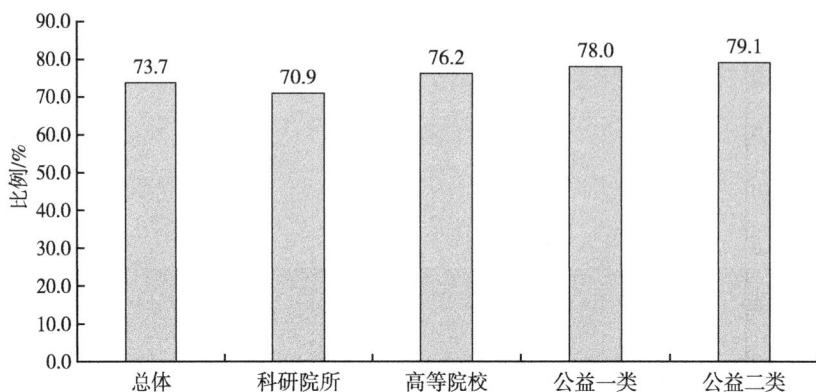

图 1-20　受访者对科研人员可以兼职兼薪表示赞同的比例

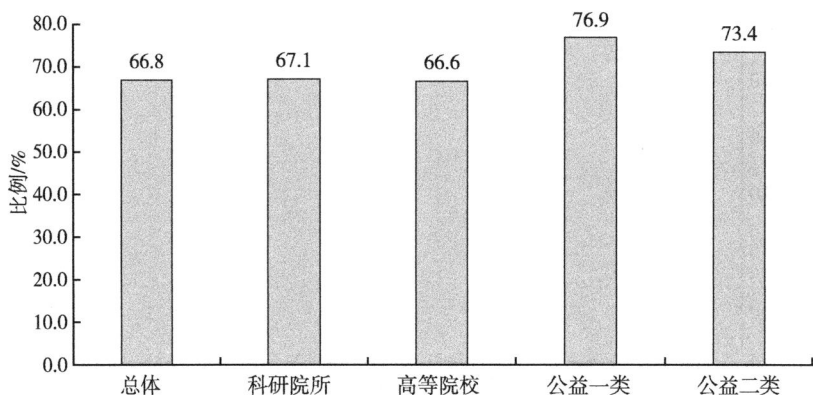

图 1-21　受访者对科研人员可以保留现有身份离岗创业表示赞同的比例

（二）人员聘用

1. 用人单位自主聘用人员方面变好，评聘分开、高评低聘问题并不普遍

近六成的受访者反映聘用自主情况变好。58.1% 的受访者表示，与三年前相比，所在单位或单位所在系统在自主聘用工作人员方面好很多或好一些。高等院校反映变好的比例（59.0%）高于科研院所（57.0%），公益二类事业单位反映变好的比例（61.3%）高于公益一类单位（60.6%）。如图 1-22 所示。

近半数受访者反映单位可以实现评聘合一。近半数（47.6%）受访者反映单位中评过职称的人可以聘到相应岗位上。高等院校的评聘合一程度（52.8%）

要高于科研院所（41.7%），公益二类事业单位评聘合一的比例（50.2%）高于公益一类事业单位（45.5%）。如图1-23所示。

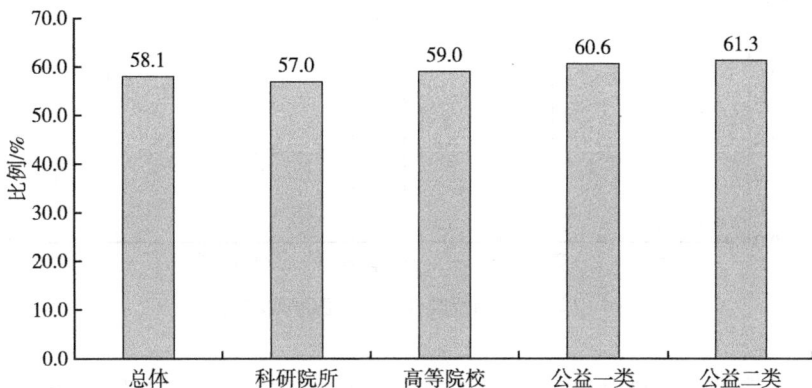

图 1-22　受访者反映自主聘用情况变好的比例

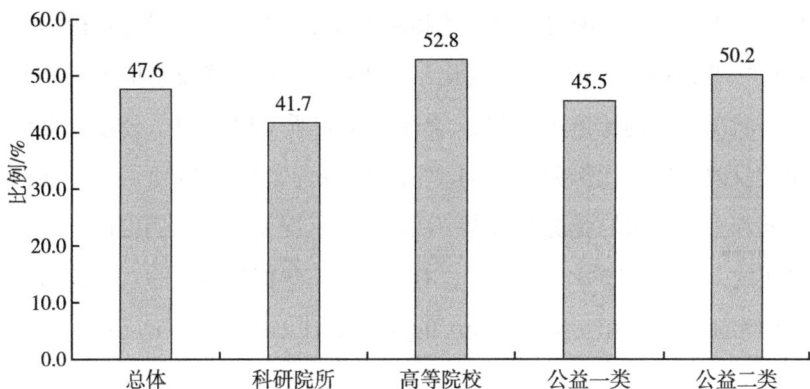

图 1-23　受访者反映单位评聘合一的比例

事业单位存在高评低聘现象，但并不普遍。34.8%的受访者反映单位存在高评低聘现象，22.8%反映是个别现象，12.0%反映很普遍，26.8%反映没有这一现象。科研院所反映存在高评低聘现象的比例（39.7%）要高于高等院校（30.4%），公益一类单位反映的比例（47.2%）高于公益二类单位（41.4%）。如图1-24所示。

2. 人才选聘时对本土人才和海外引进人才一视同仁的风气转好

四成受访者反映对本土人才和海外引进人才一视同仁方面转好。《关于扩

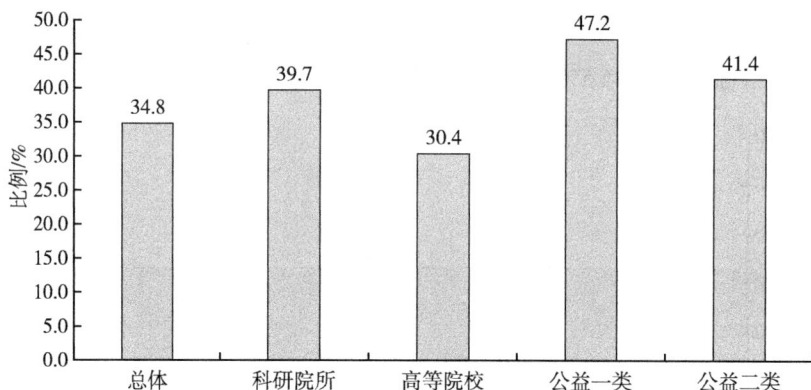

图 1-24　受访者反映存在高评低聘现象的比例

大高校和科研院所科研相关自主权的若干意见》中提出，要"对本土培养人才与海外引进人才一视同仁、平等对待"。40.9% 的受访者表示，与三年前相比，所在单位或单位所在系统对本土人才和海外人才一视同仁、平等对待的状况好很多或好一些，15.3% 反映没有变化，12.2% 反映差一些或差很多。高等院校反映这一状况变好的比例（43.7%）高于科研院所（37.8%），公益一类单位和二类单位反映变好的比例分别为41.7%、39.2%，如图 1-25 所示。有三年以下海外访问和工作经历的受访者认为一视同仁的状况变好的比例更低，有一年以下此经历的人中有 38.2% 反映变好，有一年到三年留学经历的人中 39.8% 反映变好，而无海外经历和三年以上经历的分别有 41.2% 和 44.1% 反映变好。

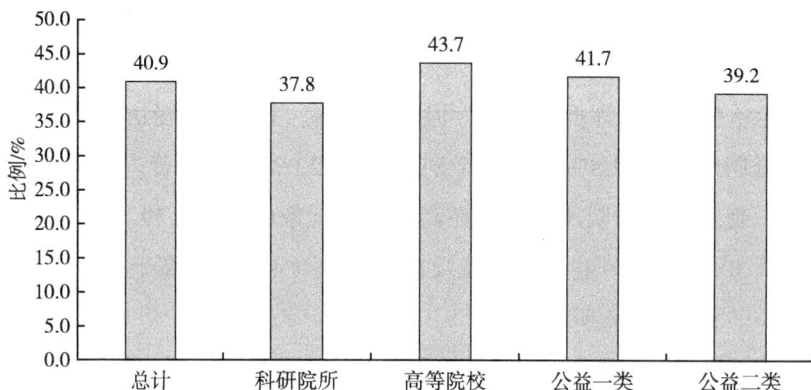

图 1-25　反映单位内对本土人才和海外引进人才一视同仁的情况变好

（三）考核评价

1.目前考核评价体系对多数人工作积极性的调动作用还需进一步增强

目前的考核评价体系还不能完全调动多数人的工作积极性。超过四成（41.7%）的受访者反映单位内考核评价结果不利于调动多数人工作积极性的问题非常突出或比较突出。科研院所和高等院校反映这一问题突出的比例分别为42.1%、41.3%，公益一类单位（49.8%）反映这一问题突出的比例高于公益二类单位（44.6%）。如图1-26所示。

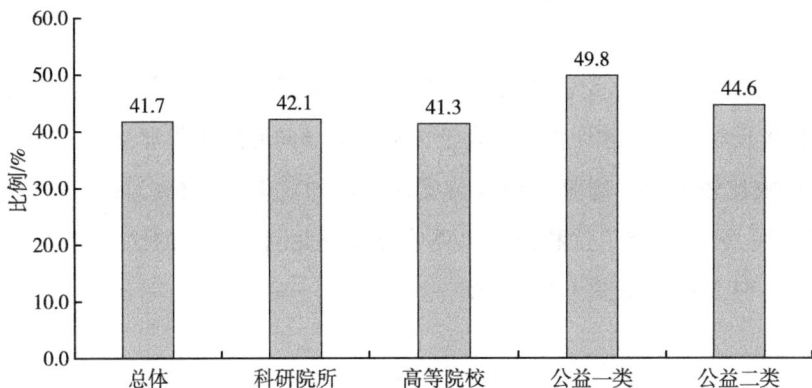

图1-26　考核评价结果不利于调动多数人工作积极性问题突出的比例

2.评价标准中"四唯"问题仍然突出，论文发表存在重英文和SCI倾向

评价"唯论文、唯职称、唯学历、唯奖项"问题仍然突出。近五成（49.5%）受访者反映所在单位人才评价考核中"四唯"问题非常突出和比较突出，学历和职称越高者反映此问题严重的比例越高。博士和硕士学历受访者反映此问题严重的超过五成（52.8%和50.4%），而本科和高中学历的约占四成（43.6%和40.3%）。高级职称、副高级职称和中级职称反映此问题严重的比例均超过半数（53.5%、54.1%、53.1%），而初级职称和无职称者不超过四成（36.9%、32.2%），如图1-27所示。高等院校反映此问题突出的比例（54.2%）高于科研院所（44.4%），公益一类和公益二类该比例均超过半数（57.6%和54.4%）。

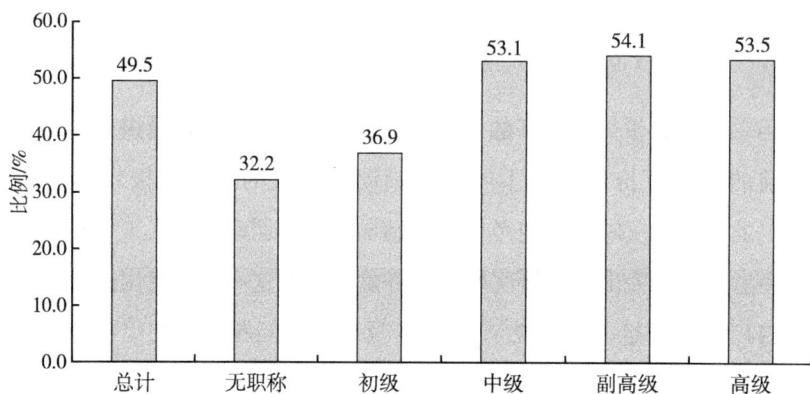

图 1-27　反映"四唯"问题突出的比例

　　四成多（46.9%）受访者反映所在单位评价仍以论文数量为导向。12.4%的受访者反映单位人才评价以发表论文数量为导向的问题非常突出，34.5% 受访者反映比较突出。高等院校人员反映突出的比例（52.6%）高于科研院所（40.5%）。公益一类单位和公益二类单位反映此问题突出的比例均超过半数（52.6%、51.5%）。如图 1-28 所示。

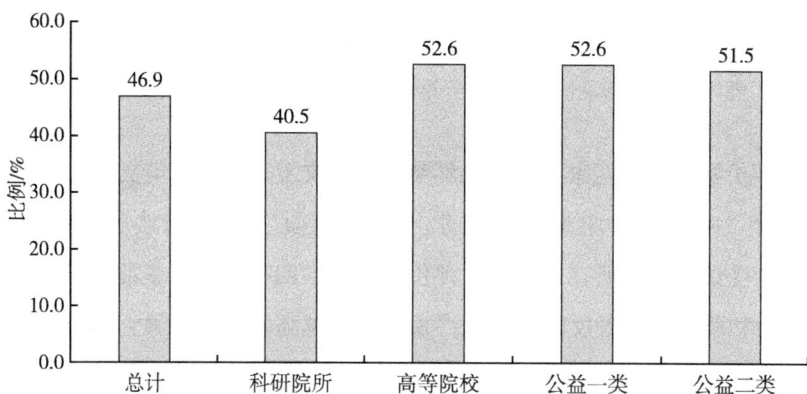

图 1-28　受访者反映所在单位评价以论文数量为导向这一问题突出的比例

　　近五成受访者反映单位评价论文"SCI 至上"。47.6% 的受访者反映人才评价方面单位在评价论文时"SCI 至上"，30.3% 受访者反映不太突出或不存在。高等院校"SCI 至上"问题较科研院所更为突出。53.5% 的高等院校受访者反映单位"SCI 至上"，科研院所这一比例为 41.0%，如图 1-29 所示。从职业类型来看，大学教师（54.9%）和科学研究人员（50.0%）反映这一问题突出的比例最高，技术推广和科普工作者（35.7%）、工程技术人员（32.2%）反映这一问题突出的比例最低。

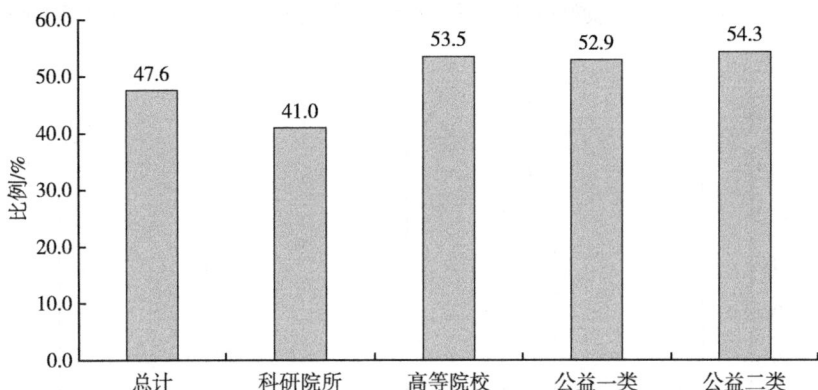

图 1-29　单位内评价论文"SCI 相关指标至上"问题突出的比例

五成受访者反映单位人才评价时更倾向发表在国际期刊上的英文论文。50.9% 的受访者反映单位在人才评价方面更倾向发表在国际期刊上的英文论文的问题非常突出或比较突出。高等院校反映这一问题突出的比例（56.0%）高于科研院所（45.3%），如图 1-30 所示。从各职业来看，科研人员（60.6%）和大学教师（56.9%）反映这一问题突出的比例最高。

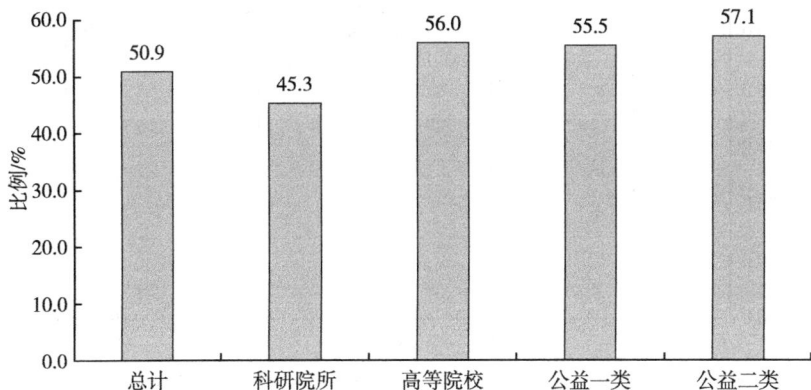

图 1-30　单位内更倾向发国际期刊英文论文问题突出的比例

3. 职称评审改革成效明显，科研人员支持职称评审推行代表作制度

超过半数（51.5%）受访者反映职称评审权限合理下放方面变好。14.2% 的受访者反映与三年前相比，所在单位或单位所在系统在职称评审权限合理下放方面好很多，37.2% 反映好一些。高等院校反映变好的比例（57.5%）高于科研院所（44.8%），公益二类单位（55.1%）变好的比例高于公益一类单位（50.0%）。如图 1-31 所示。

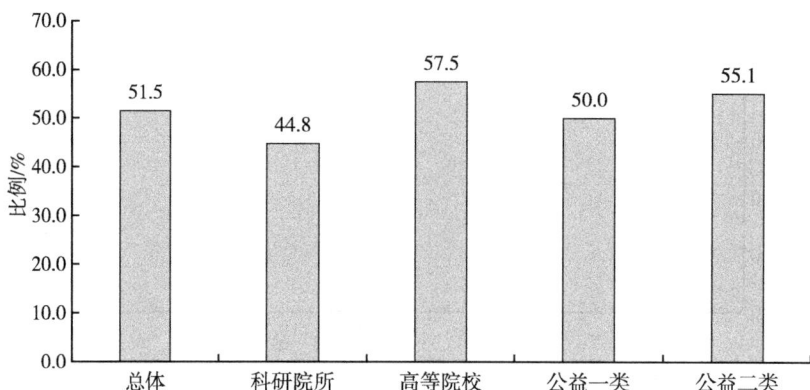

图 1-31 受访者反映职称评审权限合理下放变好的比例

近半数受访者反映对高层次人才和突出贡献人才的职称评审不设资历和年限门槛的情况变好。48.3% 的受访者反映，与三年前相比，所在单位或单位所在系统对引进的急需紧缺高层次人才和有突出贡献的人才，职称评审不设资历和年限门槛的情况变好，如图 1-32 所示。

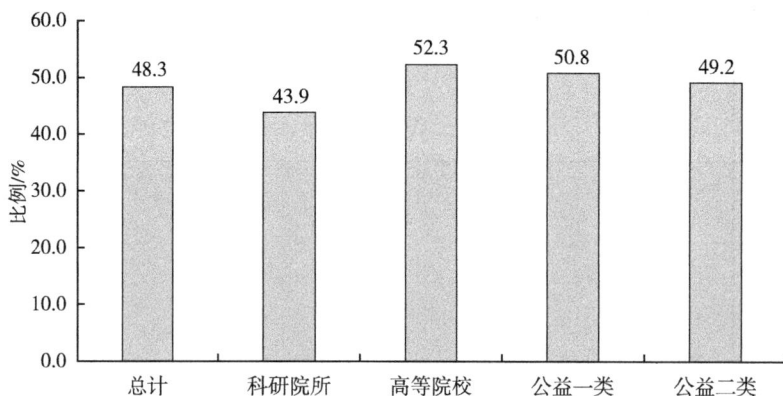

图 1-32 受访者反映对高层次人才和突出贡献人才职称评审不设资历和
年限门槛情况变好的比例

近七成（66.0%）受访者赞成职称评审推行代表作制度。在调查中，21.5%的受访者表示非常赞成职称评审推行代表作制度，44.6%的受访者反映比较赞成。职称级别越高，对代表作制度的赞成比例越高，高级职称者中有72.5%的受访者非常赞成或比较赞成，副高级职称受访者中有69.0%赞成，中级职称受访者这一比例为65.9%，初级职称和无职称受访者分别为62.2%和55.3%，如图1-33所示。高等院校相比于科研院所（61.3%），赞成代表作评审制度的比例更高，约占七成（70.3%）。

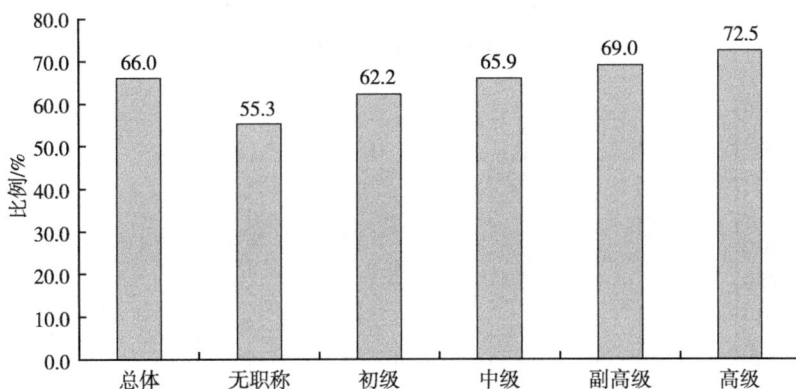

图 1-33　赞同职称评审推行代表作制度的比例

4. 考核频率和人情干扰评价考核的问题并不突出

近五成（46.7%）受访者认为目前评价周期和频次问题不突出。19.9%的受访者反映所在单位评价考核频繁、周期过短的问题不太突出，26.8%的受访者反映基本不存在此问题，反映此问题非常突出和比较突出的占27.9%。科研院所反映此问题不突出的比例（49.5%）高于高等院校（44.2%），公益一类和公益二类反映评价周期问题不突出的分别占48.6%和47.0%，如图1-34所示。

另外，存在人情因素影响评价考核问题，但并不突出。超过四成（41.2%）的受访者反映单位在评价考核时人情因素过多的问题不太突出或基本不存在，高于反映这一问题突出的比例（29.8%）。科研院所（40.9%）和高等院校（41.5%）均有约四成的受访者反映这一问题不太突出。如图1-35所示。

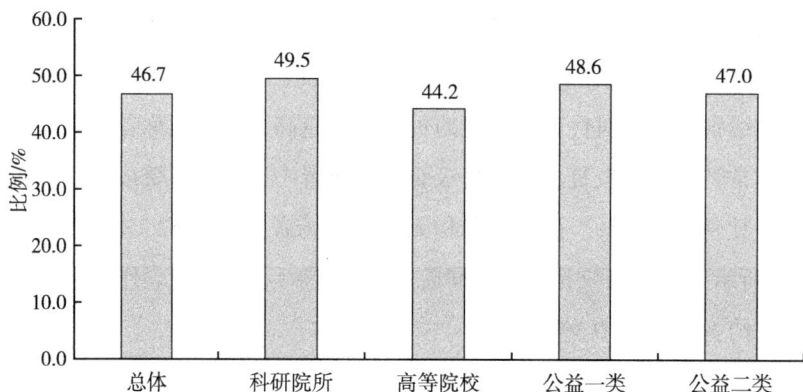

图 1-34　受访者反映评价周期和频次问题不突出的比例

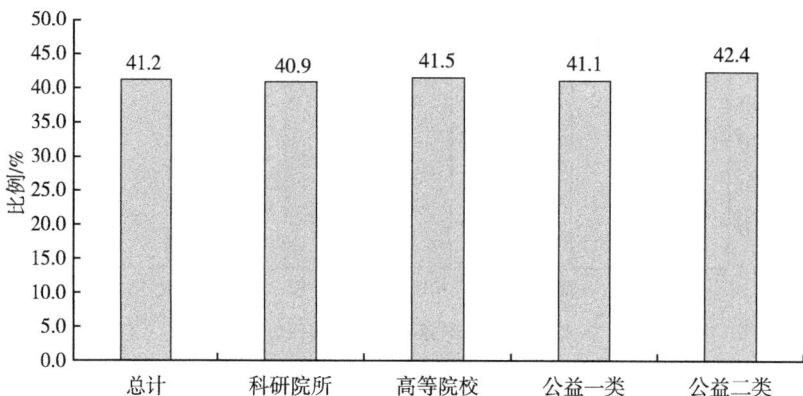

图 1-35　反映人情因素影响评价考核问题不突出的比例

5. 应推行以业务能力为标准的人才评价标准和职称评审制度

受访者认为业务能力应是人才评价重视的标准。52.7%的受访者反映，业务能力应是人才评价最重视的标准，其次是岗位业绩（34.1%）和代表作质量（25.0%），如图 1-36 所示。科研院所和高等院校受访者对人才评价的标准态度略有不同，科研院所受访者认为人才评价的标准应以业务能力（57.0%）、岗位业绩（37.9%）和应用效果（23.5%）为主，高等院校受访者认为应该以业务能力（48.8%）、代表作质量（30.9%）和岗位业绩（30.6%）为主。

不同职业基于岗位对人才评价的标准看法不同。工程技术人员认为根据其

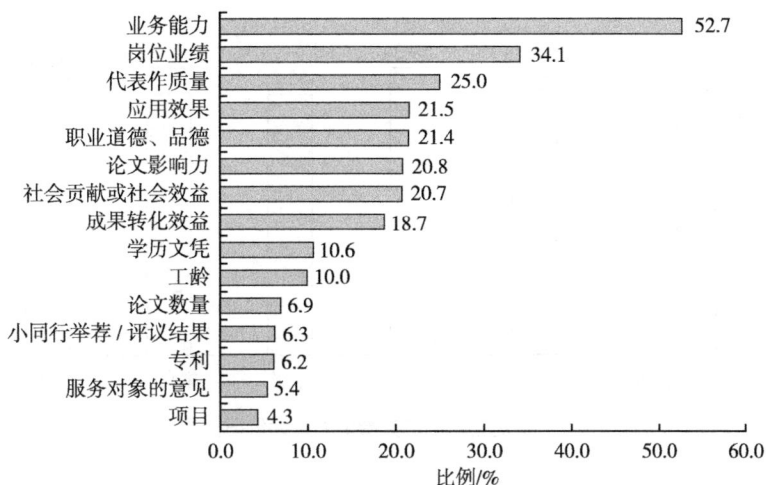

图 1-36　人才评价的标准

岗位特点，人才评价应以业务能力（58.2%）、岗位业绩（36.9%）和应用效果（27.4%）为标准；科学研究人员认为根据其岗位特点，业务能力（54.0%）、岗位业绩（35.8%）和代表作质量（32.1%）应该是人才评价的标准；大学教师认为应重视业务能力（48.3%）、代表作质量（32.6%）和岗位业绩（30.8%）；科研及教学辅助人员认为业务能力（54.7%）、岗位业绩（33.8%）和职业道德（21.8%）应是人才评价的标准；科技管理人员认为业务能力（58.2%）、岗位业绩（41.4%）和社会贡献（26.1%）是这个岗位人才评价应该重视的标准。

超过半数的受访者赞成论文影响力指标仍是评价的重要指标。54.7% 的受访者表示非常赞成或比较赞成论文影响力指标（被引频次、影响因子等）仍应该是职称评定、绩效考核、人才评价、学科评估等评价的重要考量因素，如图 1-37 所示。高等院校（58.3%）受访者表示赞成的比例高于科研院所（50.6%）。

七成受访者表示科技评价对于发表论文不应有中文或英文倾向。70.8% 的受访者对于科技评价中对于发中文还是英文论文不应该有倾向非常赞成或比较赞成，高等院校赞成的比例（72.8%）高于科研院所（68.6%），公益一类单位（75.2%）和二类单位（74.1%）态度相差不大，如图 1-38 所示。

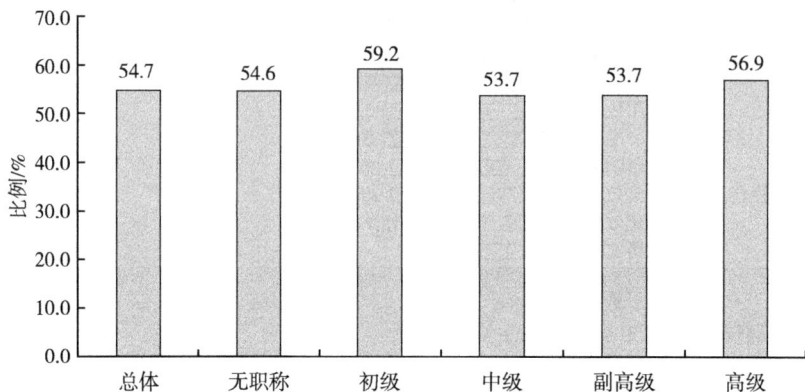

图 1-37 受访者赞同论文影响力是评价指标的比例

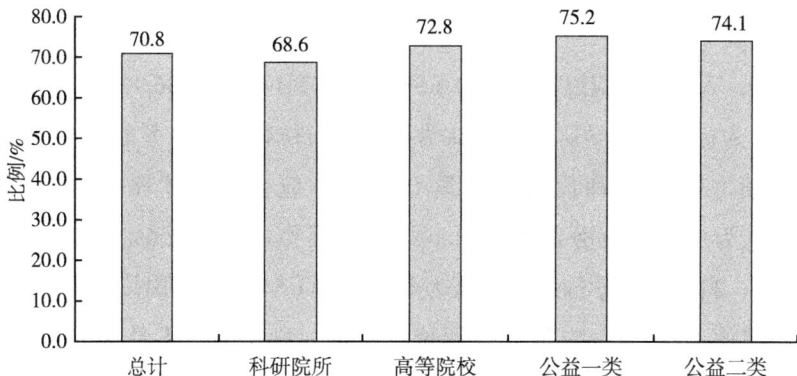

图 1-38 受访者赞同科技评价中论文不应有中英文倾向的比例

（四）人员激励

1. 事业单位人员对收入分配政策改革效果持积极评价

绩效工资分配向科研人员倾斜的状况变好。近五成（48.9%）的受访者表示，与三年前相比，所在单位或单位所在系统绩效工资向科研人员倾斜方面变得好很多或好一些，反映没有变化或者变差的占 25.5%。高等院校反映这一状况变好的比例（52.5%）高于科研院所（44.9%）。如图 1-39 所示。

近半数受访者反映以增加知识价值为导向的分配政策变好。48.5% 的受访者表示，与三年前相比，所在单位或单位所在系统以体现增加知识价值导向收

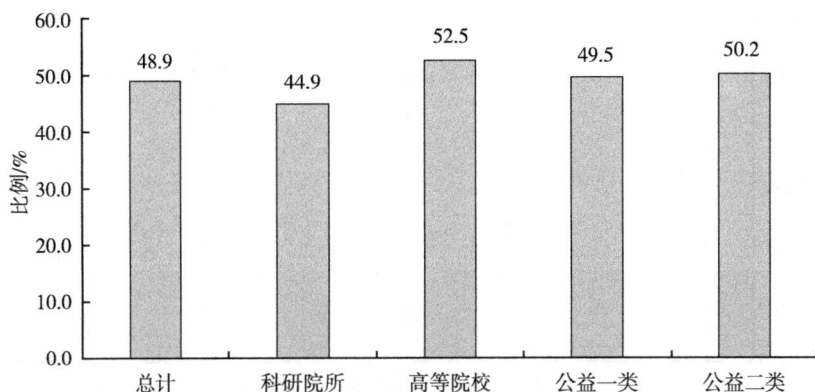

图 1-39 反映单位内绩效工资向科研人员倾斜的情况变好的比例

入分配改革好很多或好一些，反映没有变化的占 15.1%，反映差一些或差很多的占 6.1%。高等院校反映变好的比例（52.0%）高于科研院所（44.5%），公益一类单位（49.4%）和公益二类单位（50.7%）相差不大。如图 1-40 所示。

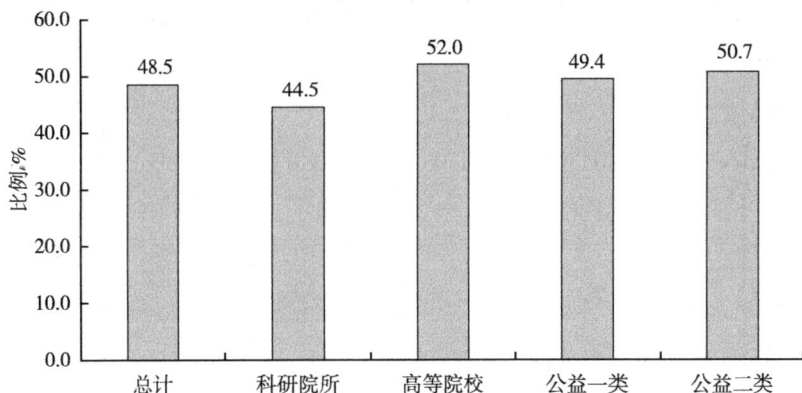

图 1-40 受访者反映以增加知识价值为导向的分配政策变好的比例

近五成受访者反映提高科研项目间接费和人头费比例情况变好。48.3% 的受访者反映，与三年前相比，所在单位或单位所在系统提高科研项目间接费和人头费比例方面好很多或好一些。高等院校反映变好的比例（51.3%）高于科研院所（45.0%），公益一类单位（51.6%）和公益二类单位（50.3%）比例相差不大。如图 1-41 所示。

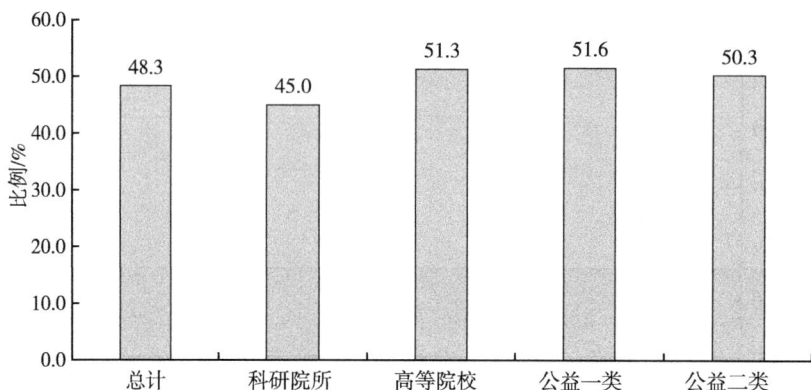

图 1-41　反映提高科研项目间接费和人头费比例情况变好的比例

近半数受访者反映提高科研人员转化收益分享比例方面变好。49.7% 的受访者反映与三年前相比，所在单位或单位所在系统提高科研人员成果转化收益分享比例好很多或好一些。高等院校反映变好的比例（51.9%）高于科研院所（47.2%），公益一类单位（53.7%）和公益二类单位（53.2%）相差不大，如图 1-42 所示。科技管理人员（60.4%）反映变好的比例高于科学研究人员（47.6%）。

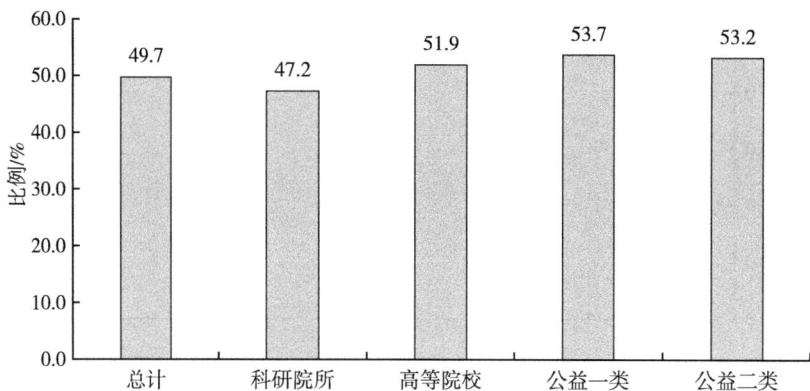

图 1-42　受访者反映提高科研人员转化收益分享比例方面变好的比例

2. 与科研管理人员相比，科研人员的改革获得感更低

科研人员对收入分配改革效果的正向评价比例低于管理人员。对于绩效工资向科研人员倾斜、以增加知识价值为导向的分配政策、提高科研项目间接费和人头费比例、提高科研人员成果转化收益分享比例方面，科研人员反映变好的比例要低于科技管理人员。39.7% 的科研人员反映与三年前相比，所在单位

或单位所在系统绩效工资向科研人员倾斜方面变得好很多或好一些，科技管理人员这一比例为 61.9%；40.6% 的科研人员反映以增加知识价值为导向的收入分配政策方面与三年前相比变好，科技管理人员这一比例为 60.1%；43.8% 的科研人员反映提高科研项目间接费和人头费比例方面与三年前相比变好，科技管理人员这一比例为 59.6%；47.6% 的科研人员反映提高科研人员成果转化收益比例方面与三年前相比变好，科技管理人员这一比例为 60.4%。

（五）人才管理存在的问题

1."学术本位"难抵"官本位"，人才仍受行政化束缚

行政化管理和收入分配问题仍是事业单位科研人员人事管理存在的突出问题。科研单位机构行政化管理、绩效工资等收入分配等尚没有体现知识价值导向，部分人事管理制度仍然有行政化管理倾向是在调查中反映人事管理目前存在的最突出的问题。34.2% 的受访者反映科研单位机构行政化管理是事业单位科研人员人事管理存在的突出问题，33.8% 的受访者反映绩效工资等收入分配等尚没有体现知识价值导向问题比较突出。此外，有 28.8% 的受访者反映部分人事管理制度仍然有行政化管理倾向。如图 1-43 所示。

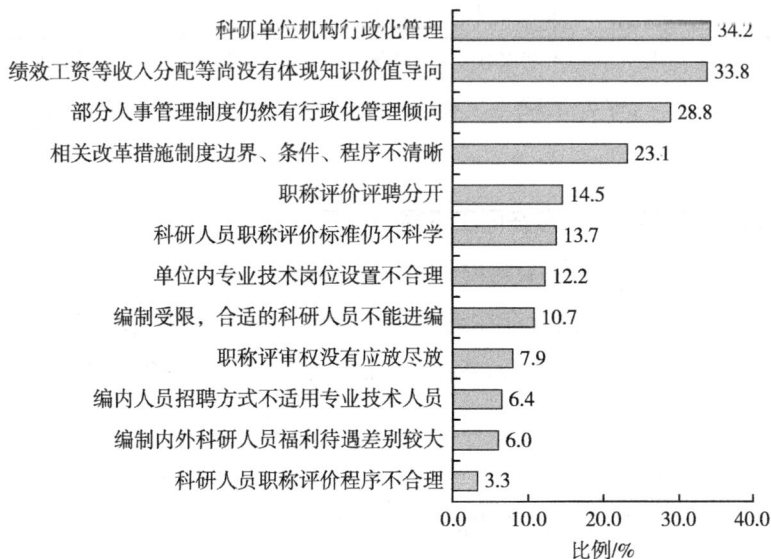

图 1-43 事业单位科研人员人事管理制度存在突出问题的比例

专业技术人员出国学术交流按行政人员管理的问题仍然存在。18.6%的受访者反映目前单位内专业技术人员出国交流受限，按行政人员管理的问题非常严重或比较严重，反映这一问题不严重或基本不存在的比例更高，占41.9%。职称越高，反映单位内这一问题严重的比例越高，高级职称和副高级职称受访者反映这一问题严重的比例占22.6%和19.9%，中级职称、初级职称和无职称受访者的比例分别为18.2%、16.2%和14.4%。科研院所中反映这一问题严重的比例（20.4%）高于高等院校（17.0%）；公益一类单位（25.3%）的比例高于公益二类单位（20.0%），如图1-44所示。在各类职业中，科学研究人员（22.4%）和工程技术人员（21.7%）反映这一问题严重的比例较高，其他不超过两成。

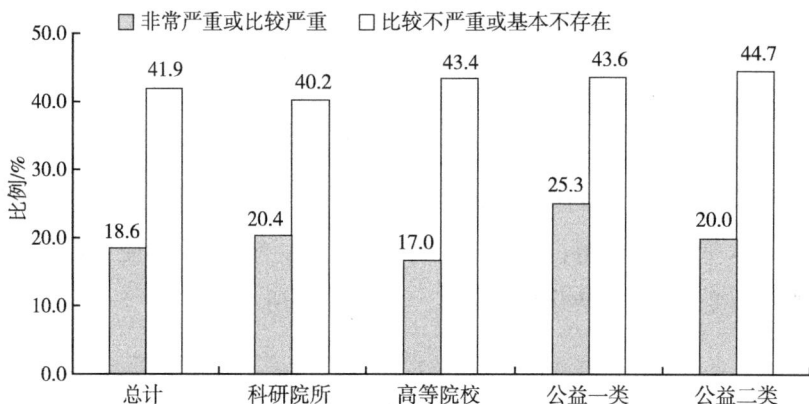

图1-44 受访者反映专业技术人员出国学术交流按行政人员管理的比例

2. 编制内外科研人员存在同工不同酬问题

两成受访者反映单位编制内外科研人员同工不同酬、福利待遇差别大的问题严重。单位内部同时存在编制和非编制岗位的高等院校和院所工作者中，23.8%的受访者反映编制内外科研人员同工不同酬、福利待遇差别较大的问题非常严重或比较严重，反映这一问题比较不严重或基本不存在的比例占47.8%。科研院所反映这一问题严重的比例（26.5%）高于高等院校（21.4%）。公益一类单位反映问题严重的比例更高，占近三成（29.6%），公益二类单位占21.9%（图1-45）。在有编制人员数小于无编制人员数的单位，反映同工不同酬问题严重的比例更高，占 28.2%，而有编制人员数多于无编制人员数的单位的受访者这一比例是 22.9%。无编制的受访者反映同工不同酬问题严重的比例（34.0%）高于有事业编制（21.9%）和企业编制（28.6%）的人员。

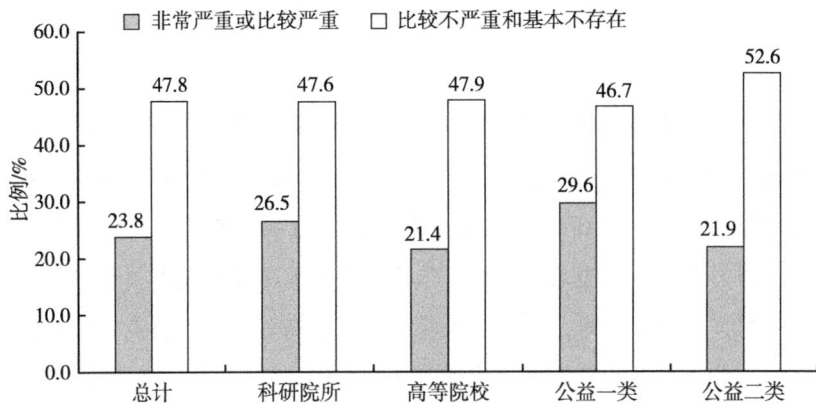

图 1-45　受访者反映单位存在同工不同酬问题的比例

第二章　职称制度改革落实情况调查^①

为了解科研单位人事制度和职称制度的改革落实情况、存在问题以及科研人员对改革效果的评价，中国科协创新战略研究院分别于 2020 年 4 月 8 日至 22 日和 2020 年 11 月 10 日至 20 日开展了两次专项调查。调查依托中国科协分布在全国的 516 个调查站点开展。依据科研人员的总规模和岗位分布，采取随机抽样的方法抽取样本，样本覆盖科研院所、高等院校、企业、医疗卫生机构和基层单位（农技推广机构、中学 / 中专、科普单位）的各类科技工作者群体。本部分报告的是 2020 年 11 月开展的第二次职称制度改革专项调查的内容，样本总量为 12636。

一、调查样本情况

女性占 50.4%，男性占 49.6%。年龄 35 岁及以下最多，占 51.6%，35～44 岁占 31.8%，45 岁以上占 16.6%，平均年龄为 36.2 岁。工作年限在 5 年及以下的占 40.7%，6～10 年的占 23.6%，11～15 年的占 15.5%，16 年及以上的占 20.2%，平均工作年限为 9.5 年。最高学历以本科和硕士为主，分别占 39.5%、29.6%，大专及以下和博士分别占 10.6%、20.3%。以东部地区科研人员为主，占 40.9%，中部和西部地区分别占 21.6% 和 29.2%，东北地区最少，占 8.4%。正高级职称占 5.6%，副高级职称占 21.9%，中级职称占 30.3%，初级职称占 10.5%，31.7% 的科研人员没有职称。66.5% 的科研人员没有行政职务，一般管理人员、中层管理人员和高层管理人员分别占 21.8%、10.3%、1.4%。

职业以工程技术人员（22.1%）和大学教师（20.9%）居多，医务工作者和

---

① 本章主要执笔人：徐婕、胡林元、于巧玲、李慷、张静、邓大胜。

科学研究人员分别占 12.0%、10.3%。从事的工作内容以基础研究（29.2%）、应用研究（26.9%）和教学（25.0%）为主。从职称序列来看，高等院校教师和工程技术人员最多，分别占 25.0% 和 24.3%，其次是科学研究人员（16.1%）和卫生技术人员（12.9%），中小学教师、农业技术人员和实验技术人员分别占 7.8%、3.8%、3.2%，其他职称序列相对较少。

二、职称制度现状

（一）职称与岗位聘用的关系

1. 多数科研人员岗位职责与当前职称相对应

近八成（78.6%）科研人员现在从事的岗位职责和工作内容与当前的职称系列相对应。职称等级越高，职称序列与工作相对应的比例越高。92.8% 的正高级科研人员职称与岗位相对应，86.0% 副高级科研人员职称与岗位对应，中级（74.7%）和初级（71.9%）的比例相对较低。从单位类型看，高等院校和医疗单位职称和岗位对应比例较高，科普单位最低。医疗卫生机构和高等院校中分别有 82.5% 和 80.3% 职称和岗位相对应，科普单位这一比例仅有 54.0%。

2. 岗位和职称结合较为紧密，高评低聘现象并不普遍

调查显示，57.1% 的科研人员反映在单位聘任专业技术岗位前必须有职称，25.9% 反映不要求有职称，医生群体聘任专业技术岗位必须有职称的比例最高，为 80.9%。51.1% 的科研人员反映在单位职称评定后都可以聘到相应岗位上，24.0% 的科研人员反映不可以。教师群体反映职称评定后就可以聘到相应岗位的比例较高，大学教师为 63.6%，中学教师为 56.8%。同时高评低聘现象并不普遍。55.9% 的科研人员反映在单位没有评定高级职称，聘到低一职级岗位的情况，13.4% 的科研人员反映这一现象很普遍，11.8% 的科研人员反映是个别现象。

3. "双一流"高等院校实行准聘长聘制的比例高于其他类型高等院校

职业为大学教师的科研人员中，44.7% 为准聘长聘。"双一流"高等院校实行准聘长聘制的比例更高，有 28.9% 的科研人员反映单位实行了准聘长聘制，17.4% 反映只对部分新进研究人员实行，8.2% 的科研人员反映对所有新进人员

实行，3.3%的科研人员反映覆盖所有研究人员。普通本科院校中，10.2%的科研人员反映单位实行准聘长聘制，5.6%的科研人员反映只对部分新进人员实行，2.1%的科研人员反映对所有新进研究人员实行，2.5%的科研人员反映覆盖所有研究人员。民办高等院校中反映实行准聘长聘制的比例最低，6.4%的科研人员反映单位实行这一制度，4.1%的科研人员反映对部分新进人员实行，1.2%的科研人员反映对所有新进人员实行，反映覆盖所有研究人员的占1.2%。如图2-1所示。

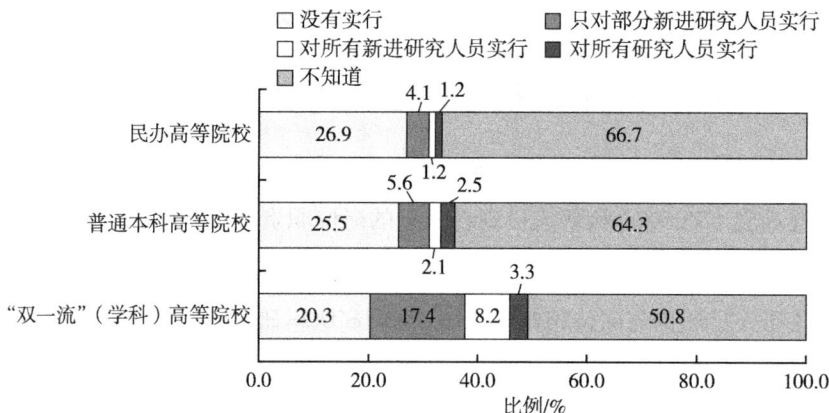

图2-1 高等院校实行准聘长聘制的情况

（二）职称参评条件和申报途径

1. 单位评审是科研人员申报职称的主要途径

62.4%有职称的科研人员通过单位评审申报职称，18.3%的科研人员通过地方人社局评审，11.5%的科研人员通过取得相关职业资格后接受单位认定。近八成有职称的科技工作者反映申报职称评审时，要求工作年限（78.1%）和学历（77.3%），七成（70.8%）反映要求论文著作数量或级别，反映要求年度考核结果和工作业绩的分别占53.7%和48.7%。

2. 2016年以后申报职称对职称外语和计算机要求降低

2016年，中共中央印发的《关于深化人才发展体制机制改革的意见》中指出，要改革职称制度和职业资格制度，对职称外语和计算机应用能力考试不作统一要求。从调查情况来看，2016年以后与2015年以前相比，要求参加职称外语和计算机考试并提供通过凭证的比例明显降低。55.1%有职称的科研人员反映最近一次评职称时，对计算机和职称外语不作明确要求；26.0%的科研人员表示需要参加职称外语和计算机考试，并提供考试通过凭证；14.0%表示需要提供职称外语和计算机证明，但不一定需要参加考试。

（三）职称评价的影响因素

1.论文、项目和工作业绩对高级职称晋升最为重要

52.4%的科研人员反映，在自己单位，论文对晋升高级职称非常重要，20.6%的科研人员反映科研项目非常重要，反映岗位和工作业绩非常重要的占49.0%，与之相比，反映职业道德非常重要的比例要低于论文和科研项目，40.7%的科研人员反映非常重要。如图2-2所示。

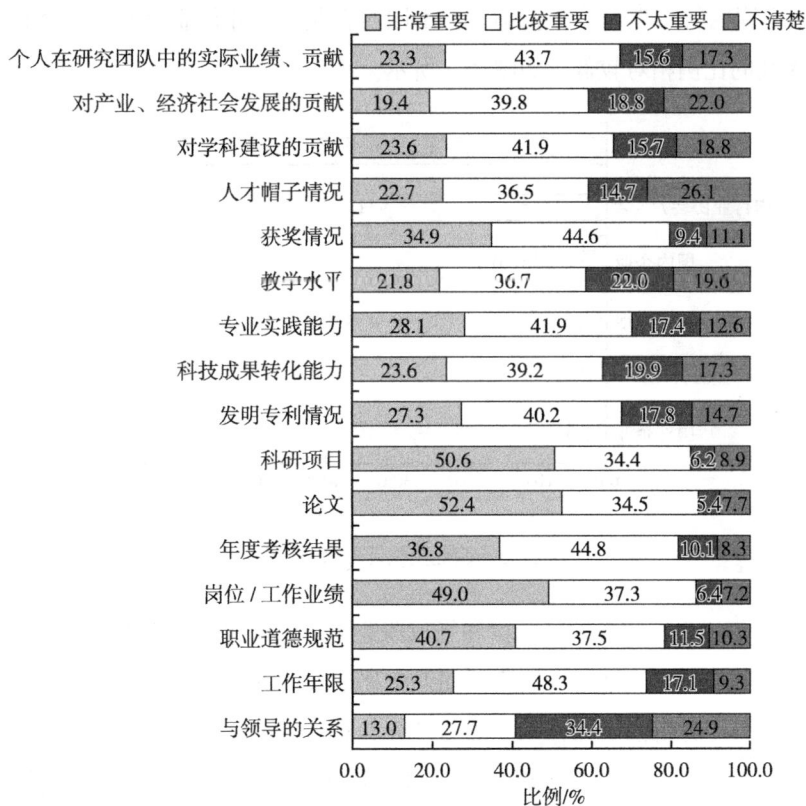

图 2-2 高级职称晋升的影响因素

2.道德规范对于高级职称晋升较为重要

78.2%的科研人员反映职业道德规范在本单位晋升高级职称中非常重要或比较重要。医生教师群体反映职业道德对晋升高级职称重要，86.6%的医务工作者反映职业道德非常重要或比较重要，大学教师和中学教师这一比例分别为83.4%和80.0%。

（四）职称制度与职业资格衔接情况

1.科研人员的职业资格证书主要来源是政府部门和国内行业学（协）会

超过半数科研人员有职业资格证书。受调查的科研人员中，57.2%有职业资格证书。工程技术人员、医务工作者、大学教师和中学教师中，有职业资格证书的人更多。68.3%有职业资格证书的科研人员，其证书由政府部门颁发，31.4%由国内行业学（协）会颁发，由国内企业、国外行业学（协）会和国外企业颁发的比例相对较低，如图2-3所示。

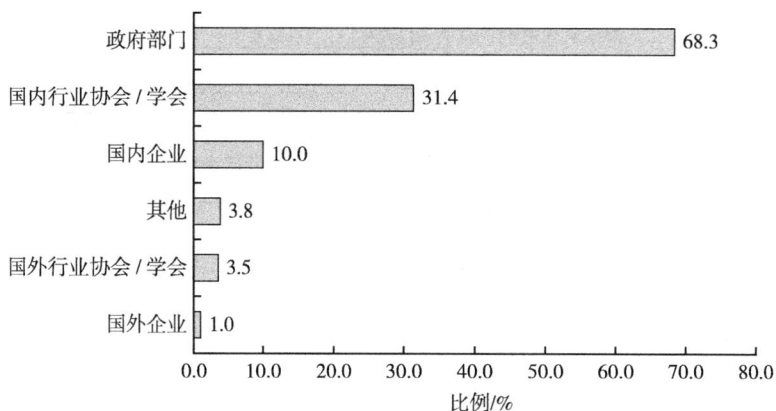

图2-3　职业资格证书来源比例

2013年以来，国务院将减少和规范职业资格许可和认定事项作为推进简政放权的重要内容，人社部持续开展职业资格证书清理和规范工作，发挥职业资格对技能人才评价的载体作用。除涉及公共利益或国家安全、公共安全、人身健康、生命财产安全，有法律法规或国务院决定作为依据的准入类职业资格，以及具有较强的专业性和社会通用性、对技术技能要求较高的水平类职业资格外，其他职业资格逐步被清理。职业资格证书清理工作开展后，职业资格证书泛滥得到有效遏制，52.2% 的科研人员反映目前职业资格证书泛滥的问题不太突出或基本没有。

工程师资格国际互认工作还需进一步开展。31.9% 的工程技术人员反映，目前工程师资格无法获得国际互认问题不太突出或基本没有，同时也有 32.4% 认为这一问题非常突出或比较突出。

2. 从业基本要求、证明个人技术水平是科研人员获取职业资格证书的主要原因

调查显示，超过半数科研人员获取职业资格证书是因为从业的基本要求（58.2%）以及证明个人技术水平（51.0%），37.9% 是为了提高工资待遇，还有 29.0% 是为了提高能力水平。

从不同职业群体来看，除首要目的有所不同外，多数科研人员获取职业资格证书的主要目的与总体没有太大差别。医务工作者、科学研究人员、大学教师、中学教师、科普工作者和科研教学辅助人员获取职业资格证书的首要原因是从业的基本要求；工程技术人员、技术推广人员、科技管理人员和实验技术人员获取职业资格证书的首要原因是为了证明个人技术水平；与其他职业群体不同，大学教师获取职业资格证书除了从业基本要求（65.1%）外，还是为了证明个人技术水平（47.9%）和提高能力水平（28.8%）。

3. 职业资格证书最大的作用是帮助个人提高业务水平和获得职务晋升

74.4% 的科研人员表示获取职业资格证书对个人提高业务水平很有帮助或有些帮助，68.1% 的科研人员表示对获得职务晋升有帮助，分别有 58.8% 和 56.0% 的科研人员表示对提高收入待遇和提高职称评审通过率有帮助，54.0% 表示可以帮助换工作，表示对获得落户资格有帮助的最少，占 31.7%。

行政职务越高，反映职业资格证书对获得职务晋升有帮助的比例越高。高层管理科研人员中 82.1% 反映职业资格证书对职务晋升有帮助，比例最高；中层管理人员、一般管理人员和无行政职务者此比例分别为 72.1%、70.5% 和 66.3%。

4. 职业资格证书对于医务工作者的助益更大

医务工作者反映职业资格证书对个人有帮助的比例要明显高于其他职业群

体。反映对职务晋升有帮助的比例达到 85.7%，远高于其他职业群体。82.6% 的医务工作者反映职业资格证书对提高收入待遇有帮助，86.5% 反映对提高业务水平有帮助，63.6% 反映有助于换工作，74.4% 表示有助于提高职称评审通过率。

三、对职称制度的评价

（一）总体评价

1.科研人员反映职称制度影响以正向为主

调查显示，73.1% 的科研人员认为职称制度对科技人员"获得同行认可"有促进作用，69.1% 认为对"促进业务水平提高"有促进作用，67.8% 认为对"调动工作积极性"有促进作用，但认为对"解决'论资排辈'"问题有促进作用的不足半数（48.9%），如图 2-4 所示。

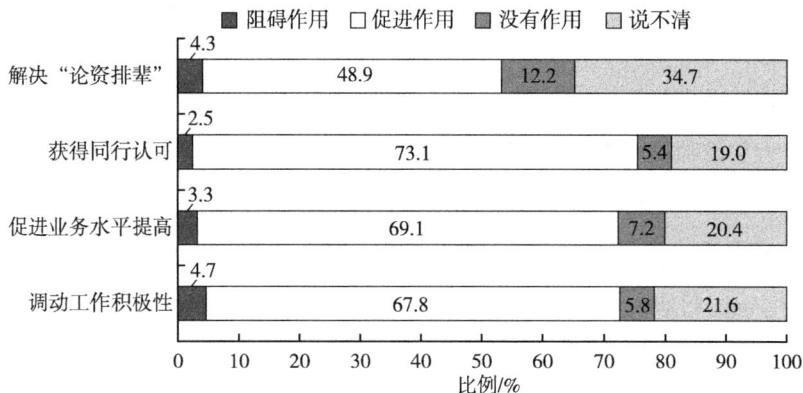

图 2-4　职称制度对科技人员的作用

卫生技术人员、科学研究人员和大学教师对职称制度的个人正向影响更为认同。超过七成（分别为 71.9%、72.3%、71.2%）的卫生技术人员、科学研究人员和大学教师认为职称制度对调动工作积极性有促进作用；分别有 73.5%、73.1%、72.2% 的科研人员认为对促进业务水平提高有促进作用；有八成左右（79.2%、80.0%、77.7%）的科研人员认为对获得同行认可有促进作用；分别有

55.5%、48.3%、49.5% 的科研人员认为对解决 "论资排辈" 有促进作用。这三类人员对职称制度对个人的促进作用的认同度更高。

2. 六成科研人员希望获得职称，提高收入和获得认可是主要原因

大部门科研人员渴望获得职称，在目前没有职称的科研人员中有 58.7% 希望获得职称。医务工作者（70.3%）、科学研究人员（71.3%）、大学教师（81.4%）和中学教师（69.2%）想要获得职称的比例比其他职业群体高。

提高收入待遇和获得职业水平证明是科研人员想要获得职称的主要原因。目前没有职称的科研人员中，74.8% 想要获得职称的目的是为了提高收入待遇，71.6% 是为个人职业发展提供水平证明，54.7% 是为了获得职务晋升，如图 2-5 所示。

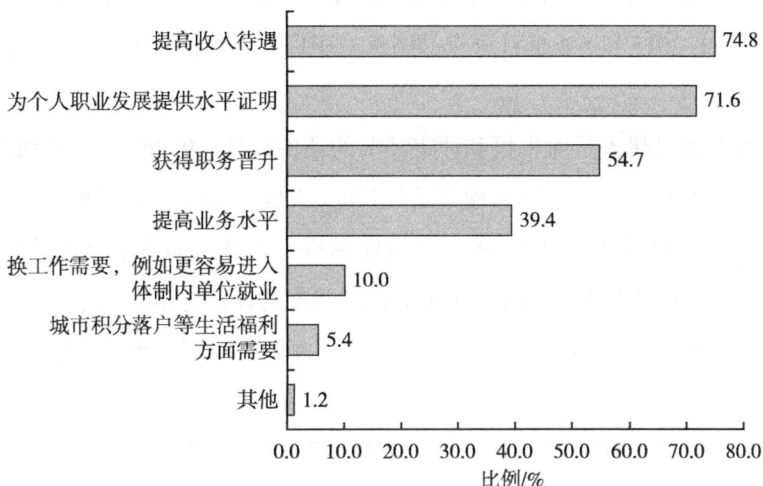

图 2-5　期望获得职称的原因比例

对于工程技术人员和卫生技术人员来说，职称更大的作用在于水平认定。分别有 77.2% 和 74.5% 的工程技术人员和医务工作者希望获得职称的主要目的是为个人职业发展提供水平证明，高于提高收入待遇的比例（74.1% 和 67.0%）。

没有职称的科研人员中，32.0% 表示自己有申报职称的途径，另有 41.5% 表示不知道是否有申报职称的途径。工程师群体中 43.2% 表示有申报职称渠道，医务工作者中 35.7% 表示有申报途径，科学研究人员和大学教师有申报途径的分别占 50.0% 和 51.7%。

（二）对职称评价制度的认可

1. 科研人员对职称申报条件和程序的公开性认同度较高

《关于深化职称制度改革的意见》中要求"建立职称评审公开制度，实行政策公开、标准公开、程序公开、结果公开"。调查显示，科研人员对职称申报条件和程序的公开程度评价较高，并且与2015年调查相比有所提高。85.9%的科研人员对"职称的申报条件和程序是公开的"表示同意，高出2015年4.2个百分点；70.1%的科研人员对"职称的评审专家是权威的"表示同意，高出2015年7.9个百分点；68.2%的科研人员同意"职称的评审过程是公正的"，高出2015年10.4个百分点；同意"职称的评审结果是令人信服的"占64.7%，高出2015年9.6个百分点；同意"职称的评级标准是科学的"的比例为60.6%。

高级职称科研人员对申报和评审环节的评价较高。91.0%的正高级职称科研人员认同职称申报的条件和程序是公开的，73.6%的正高级职称科研人员认同评审专家的权威性，73.9%的正高级职称科研人员认同评审过程是公正的，69.7%认同评审结果令人信服，63.6%认同职称的评价标准是科学的。与其他职称等级的科研人员相比，正高级职称科研人员认同职称申报和评审的比例最高。

2. 评价标准能够体现专业技术人才的业绩水平和实际贡献

《关于深化职称制度改革的意见》中指出，要"突出评价专业技术人才的业绩水平和实际贡献"，"对引进的海外高层次人才和急需紧缺人才，放宽资历、年限等条件限制，建立职称评审绿色通道"，"对长期在艰苦边远地区和基层一线工作的专业技术人才，侧重考察其实际工作业绩，适当放宽学历和任职年限要求"。调查显示，超过半数（52.1%）的科研人员反映，现行职称制度评价结果与实际能力业绩不符的问题不太突出或基本没有，东部地区（53.3%）的评价高于中部（51.2%）、西部（51.8%）和东北地区（49.4%）。

大学教师、科学研究人员和医务工作者对评价结果的评价更高，近六成

（分别为 58.7%、57.7%、57.3%）认为"评价结果与实际能力业绩不符"的问题不太突出或基本没有，科技管理人员（54.0%）、工程技术人员（51.5%）比例也超过半数。

（三）对职称制度改革的评价

1. 基层专业技术人才评价机制改革向好

人力资源社会保障部《关于加强基层专业技术人才队伍建设的意见》指出要"建立体现基层专业技术人才工作实际和特点的评价标准"。调查显示，46.9% 的科研人员反映本单位或本系统与三年前相比，基层专业技术人才评价标准体现工作实际和特点方面变好，西部地区反映变好的比例（49.6%）要高于东部（45.7%）、中部（45.8%）和东北地区（45.4%）。

医疗卫生机构和农技推广机构反映体现工作实际和特点方面变好的比例相对较高，科研院所和中学较低。农技推广机构中 53.3% 的科研人员反映基层专业技术人员评价标准体现工作实际和特点方面变好，在各种单位中比例最高，其次是医疗卫生机构（52.9%），科研院所和中学比例较低，分别为 42.6% 和 39.1%。二级医疗卫生机构中 61.0% 的科研人员反映变好，比例最高，三级医疗卫生机构（53.2%）次之，和一级医疗卫生机构（52.8%）相差不大。在不同类型的院所中，部委所在院所反映变好的比例（48.4%）较高，其他类型的院所相差不大，有 42.0% 左右的科研人员反映变好。

2. 职称改革措施中"破四唯""破五唯"得到科研人员的高度认可

近年来职称制度改革的措施中，"破四唯"和"破五唯"有 61.4% 的科研人员表示认可。与之相比，认可"推行成果代表作评审"和"分层分类评价"的比例分别为 30.9% 和 29.6%。各类型单位对"破四唯"和"破五唯"认可的程度相差不大，医疗卫生机构科研人员认可的比例最高。67.3% 的医疗卫生机构科研人员对此表示认可，高等院校和科研院所这一比例分别为 65.95% 和 61.8%。

四、改革落实情况

（一）总体评价

1. 超半数对单位内改革成效评价较好

超半数（55.5%）科研人员反映单位或单位所在系统职称制度改革总体成效好，如图 2-6 所示。西部地区科研人员对职称制度改革总体成效评价较高，近六成（59.2%）反映与三年前相比好很多或好一些，东、中、东北地区这一比例分别为 54.4%、53.6%、53.1%。

2. 医疗卫生机构和高等院校科研人员评价较高

医疗卫生机构和高等院校科研工作人员对单位职称改革总体成效评价最高，分别有 60.5% 和 59.6% 的科研人员反映与三年前相比好很多或好一些，科研院所这一比例为 54.1%。"双一流"高等院校（63.5%）和民办高等院校（61.4%）反映总体成效好的比例高于普通本科高等院校（57.0%）。中科院所属院所（56.2%）和部委所属院所（56.8%）对职称改革的评价高于其他类型院所。

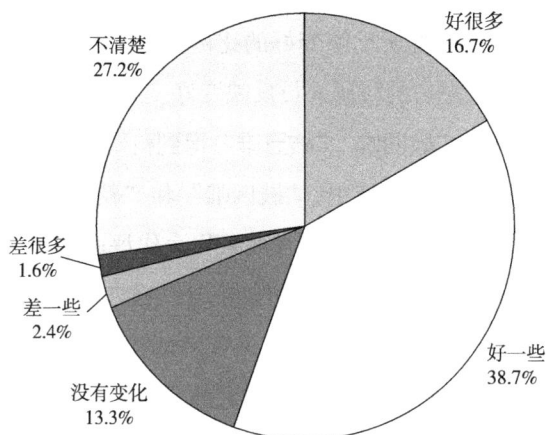

图 2-6　职称制度改革总体成效评价

（二）职称制度体系

1. 职称系列渐趋完善

《关于深化职称制度改革的意见》中指出，要"完善职称系列"，"探索在新兴职业领域增设职称系列"。近四成（39.3%）科研人员反映本单位或本系统与三年前相比，增加了新的职称系列，情况变好，西部地区反映变好的比例（41.4%）高于东部地区（38.8%）、中部地区（37.8%）和东北地区（38.1%）。

科研院所和中学中专增加新职称系列的比例较低。高等院校反映职称系列增加的比例（42.0%）要高于科研院所7.8个百分点，医疗卫生机构、科普单位和农技推广机构分别为44.1%、45.7%、42.5%，中学中专较低，为31.2%。科研院所中，部委所属科研院所反映变好的比例（43.2%）要高于其他科研院所，地方转制院所（28.1%）比例最低，其他反映变好的比例在30.0%到40.0%之间。医疗卫生机构类型中，二级医疗卫生机构反映变好的比例（50.0%）要高于三级医疗卫生机构（44.4%）和一级医疗卫生机构（41.5%）。

2. 职称制度与职业资格制度衔接更为紧密

《关于深化职称制度改革的意见》中指出，要"促进职称制度与职业资格制度有效衔接"。41.9%的科研人员反映本单位或本系统与三年前相比职称制度和职业资格有效衔接情况变得好很多或好一些，西部地区反映变好的比例（44.4%）要高于东部地区（40.4%）、中部地区（41.3%）和东北地区（41.6%）。

科研院所和中学中专反映职称制度和职业资格制度衔接变好的比例相对较低，医疗卫生机构比例最高。科研院所中，35.3%的受访者反映职称制度和职业资格制度衔接变好，中学中专这一比例为34.2%，医疗卫生机构反映变好的比例达51.6%。地方转制院所和部委所属院所反映变好的比例高于其他类型院所。地方转制院所中，42.7%的科研人员反映职称制度和职业资格制度衔接情况变好，部委所属院所中有38.5%反映变好，高于其他院所。二级医疗卫生机构反映职称制度和职业资格制度衔接变好的比例（56.0%）要高于三级医疗卫生机构（52.2%）和一级医疗卫生机构（49.1%）。

（三）职称评价标准

1. "德才兼备，以德为先"评价标准落实情况较好

近六成（58.7%）的科研人员反映单位落实"德才兼备，以德为先"评价标准情况较好，将职业道德作为职称评价的基本条件或前提；26.5%的科研人员反映落实情况一般，有考察职业道德但流于形式，如图2-7所示。医生和教师群体所在单位对"德才兼备，以德为先"评价标准落实情况较好，医务工作者、大学教师和中学教师分别有69.1%、62.1%和59.4%反映落实情况较好。

65.7%的科研人员反映单位通过个人述职、考核测评、民意调查等方式考察职业道德、品德情况，58.8%反映单位结合近几年工作考核结果进行考察，47.9%反映单位通过对评审材料进行内部公示进行考察。

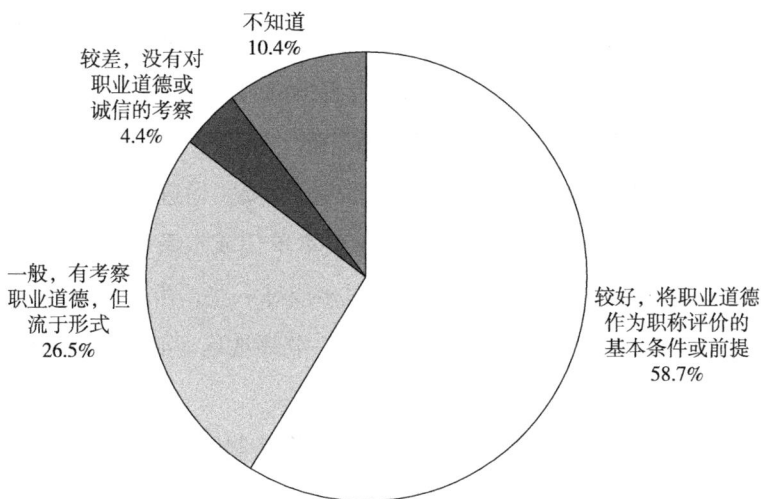

图2-7 "德才兼备，以德为先"评价标准落实情况

2. 职称改革"破四唯""破五唯"落实情况最好

"破四唯"（唯论文、唯职称、唯学历、唯奖项）或"破五唯"（唯分数、唯升学、唯文凭、唯论文、唯帽子）改革措施在各单位落实情况最好。28.1%的科研人员反映，近年来的职称制度改革措施中，"破四唯"或"破五唯"在

本单位落实情况最好，其次是"推行成果代表作评审"（23.4%）和"分层分类评价"（22.6%）。"破四唯"或"破五唯"在各类型单位中落实情况相差不大，农技推广机构科研人员反映此政策落实最好的比例最高，为33.2%，其次是科普单位为30.3%，科研院所和医疗卫生机构相比之下比例较低，分别为26.0%和27.1%。

3. 用人单位积极推行职称评审代表作制度

《关于深化职称制度改革的意见》中指出，"推行代表作制度，重点考察研究成果和创作作品质量，淡化论文数量要求"，在职称评审中注重代表性成果的质量、贡献和影响力，提高代表性成果在人才评价中的权重，让代表作为专业技术人员"代言"，职称评审不能只看论文数量不看论文质量。近三成（28.2%）的科研人员反映，单位职称评审中提高了具有学术影响力或实际应用效果突出的高质量成果的权重，高等院校、院所和医疗卫生机构这一比例分别为37.7%、36.1%、33.7%；东北地区（24.6%）这一比例最低，其他地区相差不大。

级别越高的高等院校、院所和医疗机构推行职称代表作制度情况越好，"双一流"高等院校和中科院所属院所推行职称代表作制度情况最好。46.5%的"双一流"高等院校科研人员反映，单位在职称评审时提高了学术影响力大或实际应用效果突出的高质量成果的权重，普通本科院校和民办高等院校这一比例分别为34.9%和27.5%。42.4%的中科院所属院所的科研人员反映单位职称评审提高了高质量成果的权重，在院所中比例最高，往下依次为部委所属院所（39.1%）、中央转制院所（34.5%）和地方所属院所（34.4%），地方转制院所这一比例占24.0%。三级医疗卫生机构中36.2%提高了高质量成果的比例，二级医疗卫生机构和一级医疗卫生机构这一比例分别占29.0%和9.4%。

4. 分类科学评价落实较好

近六成（58.5%）科研人员反映单位落实科学分类评价专业技术人才能力素质改革情况很好或较好，如图2-8所示。东北地区落实情况最好，中部地区最差。东北地区的科研人员63.2%反映单位落实科学分类评价情况较好，东部地区和西部地区比例分别为60.3%、58.4%，中部地区比例最低，为53.5%。

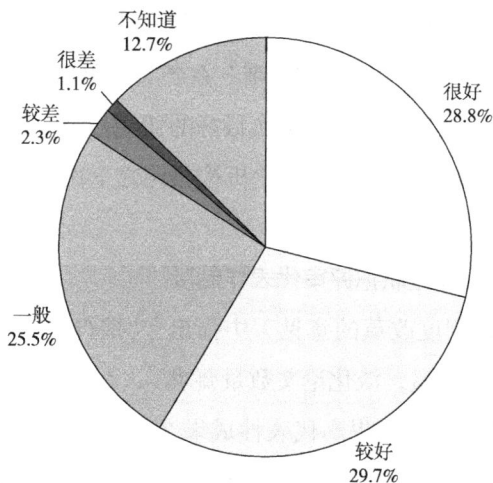

图 2-8　单位落实科学分类评价的情况

医疗卫生机构落实情况最好，科研院所落实情况相对较差。医疗卫生机构的科研人员中，68.3% 反映单位落实科学分类评价专业技术人才政策较好，科研院所这一比例为 52.0%，在众多单位中比例较低。

5. 用人单位采取多措施落实分类评价改革

35.3% 的科研人员反映，单位对职称外语和计算机应用能力考试不作统一要求，34.1% 反映单位对不同岗位的评价标准不同，30.7% 反映单位分教学、科研、实验等不同序列分别评价，28.6% 反映单位不将论文作为评价应用型人才的限制性条件，24.0% 反映单位对在艰苦边远地区和基层一线工作的专业技术人才，淡化或不作论文要求，22.4% 反映单位对基础研究、应用研究等不同类别评价的标准不同。

6. 海外高层次人才和急需紧缺人才职称评审绿色通道较为畅通

近五成（46.4%）科研人员反映本单位或系统与三年前相比，对引进的急需紧缺高层次人才和有突出贡献的人才，职称评审不设资历、年限门槛的情况变好。高等院校（53.1%）和医疗机构（52.6%）反映变好的比例高于其他单位。科研人员尤其是医疗机构科研人员认为 2020 年职称评审应该向新冠肺炎疫情防控一线的卫生技术人员和科研攻关人员倾斜。四成单位对于海外高层次人才或急需紧缺人才有职称评审绿色通道。42.9% 的科研人员反映单位对于引进的海外高层次人才或急需紧缺型人才，有职称评审绿色通道，如放宽资历、年限等条件限制。东北地区这一政策落实情况最差，34.2% 的东北地区科研人员反映单位对高层次人才或急需紧缺人才有职称评审绿色通道。高等院校实行绿色通道政策的比例最高，57.2% 的高等院校科研人员反映单位对引进的海外高层次人才和急需紧缺人才有职称评审绿色通道。

"双一流"高等院校对高层次人才破格评审的情况要好于其他院校。近六成（59.0%）"双一流"高等院校科研人员反映与三年前相比，本单位或系统对引进的急需紧缺高层次人才或有突出贡献的人才，职称评审不设资历、年限门槛的情况变好，普通本科院校和民办高等院校这一比例分别为 51.5% 和 46.2%。地方所属院所科研人员反映变好的比例低于其他类型的院所。37.8% 的地方所属院所科研人员反映高层次人才破格参与职称评审的情况变好，中科院所属院所、部委所属院所和中央转制院所这一比例分别为 47.2%、46.4% 和 44.8%，地方转制院所这一比例为 44.8%。医疗卫生机构级别越高，高层次人才破格评审的比例越高。三级医疗卫生机构中，54.3% 的科研人员反映本单位或系统内这一方面变好，二级医疗卫生机构和一级医疗卫生机构这一比例分别为 49.0% 和 43.4%。

7. 基层专业技术人员评审标准更侧重业绩

45.4% 的科研人员反映，与三年前相比，本单位或本系统对长期在艰苦边远地区和基层一线工作的专业技术人才，侧重考察其实际工作业绩，适当放宽学历和任职年限要求情况变好。从地区来看，西部地区（48.9%）和东北地区（45.5%）反映变好的比例要高于东部地区（42.9%）和中部地区（45.3%）。

医疗卫生机构反映变好的比例最高，科研院所最低。医疗卫生机构 61.9% 的科研人员反映本单位或本系统对长期在艰苦偏远地区和基层一线的专业技术人才侧重考察其实际工作业绩的情况变好，而科研院所这一比例仅为 39.6%，科普单位（51.3%）和农技推广单位（55.2%）反映变好的比例超过半数。"双一流"高等院校（46.7%）反映变好的比例高于普通本科院校（41.4%）和民办高等院校（36.8%）。中科院所属院所（34.2%）和地方所属院所（39.6%）反映变好的比例明显低于其他类型的院所，例如中央转制院所和部委所属院所这一比例分别为 47.4% 和 42.2%。

（四）职称评价机制

1. 职称评审服务逐步优化

2019 年到 2020 年人力资源和社会保障部联合其他部门针对不同职称序列分别制定的指导意见中，都涉及优化职称评审服务的内容，例如人力资源和社会保障部、科技部印发《关于深化自然科学研究人员职称制度改革的指导意见》中指出要"减少各类申报表格和纸质证明材料"。44.8% 的科研人员反映本单位或本系统与三年前相比，参加职称评审要填写的申报表格和纸质证明减少（图 2-9），西部地区的比例（46.9%）要高于东部地区（44.0%）、中部地区（43.5%）和东北地区（44.1%）。从单位类型看，医疗卫生机构科研人员反映评审服务优化的比例（50.3%）最高，科研院所（40.9%）和中学（37.9%）比例相对较低。

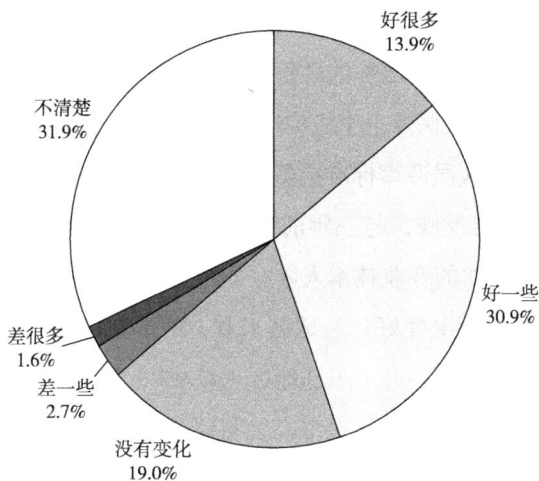

图 2-9 与三年前相比，申报表格和纸质证明材料减少了

2. 职称评审监督程度加强

《关于深化职称制度改革的意见》中指出，要"加强职称评审监督"。调查发现，51.1% 的科研人员反映本单位或本系统与三年前相比，加强职称评审监督情况变好，西部地区科研人员反映变好的比例（54.1%）要高于东部地区（49.6%）、中部地区（50.3%）和东北地区（49.6%）。

从单位类型看，医疗卫生机构（61.4%）、农技推广机构（57.9%）、高等院校（54.4%）和科普单位（53.3%）反映变好的比例均超过半数，医疗卫生机构超过六成，科研院所这一比例为46.6%。"双一流"高等院校反映变好的比例（57.4%）要高于普通本科院校（52.8%）和民办高等院校（49.7%）。中科院所属院所在科研院所中反映变好的比例（48.3%）最高，中央转制院所（40.5%）这一比例最低。二级医疗卫生机构反映变好的比例（66.0%）要高于三级医疗卫生机构（62.3%）和一级医疗卫生机构（58.5%）。

3. 职称评审弄虚作假情况改善

职称制度改革强化了品德和职业道德在评价标准中的首要地位，《关于深化职称制度改革的意见》中提到，职称评价标准要"坚持德才兼备、以德为先。坚持把品德放在专业技术人才评价的首位，重点考察专业技术人才的职业道德……探索建立职称申报评审诚信档案和失信黑名单制度，纳入全国信用信息共享平台。完善诚信承诺和失信惩戒机制，实行学术造假'一票否决制'，对通过弄虚作假、暗箱操作等违纪违规行为取得的职称，一律予以撤销"。调查发现，职称申报弄虚作假风气得到明显改善，尽管目前反映"为了发表拼凑论文"现象普遍的科研人员有近三成（27.0%）（图2-10），但总体来看，职

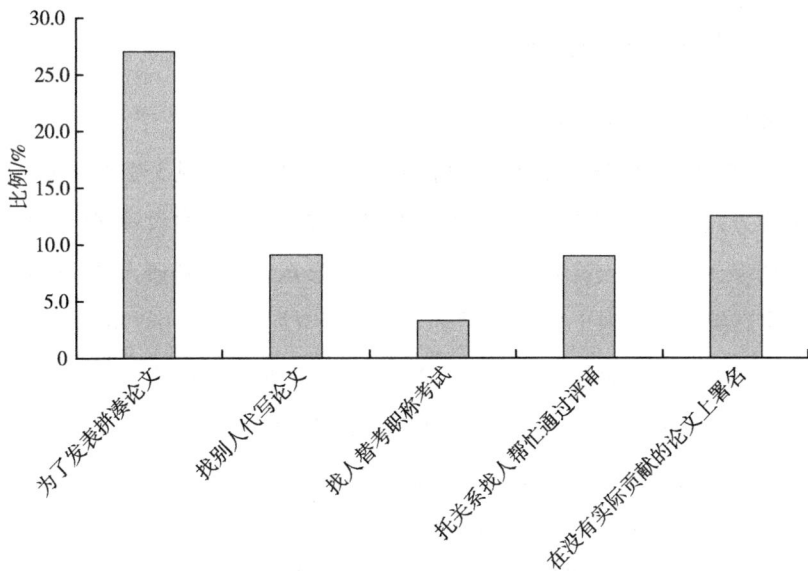

图 2-10 弄虚作假现象普遍的比例

称申报弄虚作假问题与2015年相比得到明显改善。例如，27.0%反映发表拼凑论文现象普遍，比2015年降低了15.7个百分点，其他诸如"找别人代写论文""找人替考职称考试""找关系找人帮忙通过评审""在没有实际贡献的论文上署名"等现象的比例均低于2015年。

4. 职称评审覆盖编外人员情况变好

37.9%的科研人员反映本单位或本系统允许编外人员评职称的情况与三年前相比变好，没有编制的科研人员中有42.8%反映这一情况变好，高于有编制的科研人员（37.9%）。医疗卫生机构反映变好的比例（47.9%）高于高等院校（37.7%）和科研院所（35.4%），中学中专技校反映变好的比例为29.0%。"双一流"高等院校（36.6%）、普通本科院校（37.6%）和民办高等院校（35.1%）反映编外人员可参与职称评审变好的比例相差不大。在科研院所中，部委所属院所（43.2%）和其他院所（43.7%）反映编外人员可参与职称评审变好的比例高于中央转制院所（37.1%）、地方所属院所（36.4%）和地方转制院所（31.3%），中科院所属院所反映变好的比例（28.0%）最低。二级医疗卫生机构反映允许编外人员参与职称评审情况变好的比例最高，为54.0%，三级医疗卫生机构（49.0%）次之，一级医疗卫生机构（37.7%）比例最低。

（五）职称管理服务方式

1. 单位自主权落实情况较好

《关于扩大高校和科研院所科研相关自主权的若干意见》中指出要"改革相关人事方式"，高等院校和科研院所在科研方面可以自主设置岗位，自主开展职称评审，并完善人员编制管理方式。调查显示，四成科研人员反映单位内没有评审高级职称权限（44.2%）和没有自主设立岗位权限（42.9%）的问题不太突出或基本没有，同时，近三成（29.1%）的科研人员反映，单位没有评审高级职称权限的问题非常突出或者比较突出，26.9%的科研人员反映单位没有自主设立岗位权限的问题非常突出或比较突出。

东部地区单位自主权落实情况最好，中部最差。45.0%的东部地区科研人员反映单位没有自主设岗权限的问题不太突出或基本没有，中部、西部和东北地区这一比例分别为 39.7%、42.6%、41.3%。45.6% 的东部科研人员反映单位没有评审高级职称权限的问题不突出，与西部地区（45.0%）和东北地区（45.2%）相差不大，中部地区（40.0%）比例最低。

高等院校单位自主权落实情况要优于科研院所。高等院校科研人员反映单位没有评审高级职称权限（55.1%）、没有自主设岗权限（47.2%）的问题不太突出或基本没有，高于科研院所（45.8%，43.8%）。科研院所科研人员反映单位没有评审高级职称权限、没有自主设岗权限的问题非常突出或比较突出的比例为 29.8% 和 29.2%。"双一流"高等院校单位自主权落实情况更好。62.7% 的"双一流"高等院校科研人员反映单位没有评审高级职称权限的问题不太突出或基本没有，高于普通本科院校（52.7%）和其他院校（50.9%）。55.3% 的"双一流"科研院所人员反映单位没有自主设岗权限的问题不太突出或基本没有，同样高于普通本科高等院校（43.7%）和民办高等院校（45.6%）。中科院所属院所单位自主权落实情况最好。中科院所属院所中，61.9% 的科研人员反映单位没有评审高级职称权限的问题不太突出或基本没有，远高于部委所属院所（49.5%）、地方所属院所（38.9%）等。87.6% 的中科院所属院所科研人员反映单位没有自主设岗权限的问题不太突出或基本没有，同样高于其他类型院所。

2. 职称评审权限得以合理下放

中共中央印发的《关于深化人才发展体制机制改革的意见》中指出要"突出用人主体在职称评审中的主导作用，合理界定和下放职称评审权限"。调查发现，近七成（67.4%）的科研人员认为从单位实际情况来看，下放职称评审权限非常合理或比较合理，中学这一比例相对较低，为 57.0%。近五成（49.9%）科研人员反映本单位或本系统职称权限合理下放比三年前变好，高等院校（56.7%）和卫生机构（54.4%）的情况优于科研院所（45.3%）和企业（47.3%）。"双一流"高等院校（58.7%）和民办高等院校（59.1%）评价情况相差不大，高于普通本科高等院校（54.8%）。部委所属院所科研人员评价最高，超过半数（56.8%）反映变好，其他类型院所这一比例在 40%～50% 之间。三级医疗卫生机构（55.5%）和二级医疗卫生机构（53.0%）的评价要高于一级医疗卫生机构（43.4%）。

《关于扩大高校和科研院所科研相关自主权的若干意见》中提到高等院校和科研院所可以"自主设置岗位"，"可在编制内适当增加高级专业技术岗位比例"。调查显示，高等院校科研人员中有47.9%反映本单位或本系统在编制内适当调整高级专业技术岗位的情况比三年前变好，高于科研院所（39.0%）。"双一流"高等院校中50.3%的科研人员反映变好，高于普通本科院校（47.0%）和民办高等院校（38.6%）。科研院所中，部委所属院所（44.8%）反映变好的比例更高，中科院所属院所和地方所属院所反映变好的比例分别为40.4%和36.7%。

五、职称评聘及改革中存在的问题

（一）职称评价标准

1."唯论文"问题较为突出

科研人员为迎合评价导向，助长了"唯论文"风气。近四成（39.7%）的科研人员反映现行评审制度导致了论文、学历、资历比业绩和贡献更重要这一问题非常突出或比较突出，且大于反映此问题不太突出和基本没有问题的比例（37.0%），32.2%的科研人员反映在现行评审制度下，迫使科技人员发表无用论文的问题非常突出或比较突出，近两成（19.7%）科研人员认为现行职称制度不利于人才成长。

近一半（47.2%）大学教师反映目前论文、学历、资历比业绩和贡献更重要的问题非常突出或比较突出，医务工作者和科学研究人员这一比例分别为44.2%和43.7%，科研教学辅助人员和中学教师反映这一问题突出的比例分别为40.8%和40.1%。科学研究人员和大学教师反映职称制度迫使科研人员发表无用论文问题突出的比例最高。在科学研究人员群体中，39.0%反映现行职称制度迫使科研人员发表无用论文，38.5%的大学教师认为这一问题非常突出和比较突出，比例高于其他职业群体。

六成（60.8%）科研人员反映有为了评职称而发表拼凑论文的现象，33.8%

的科研人员反映这是个别现象，27.0% 的科研人员反映这种现象较为普遍，与 2015 年的调查结果（42.7%）相比，这一比例明显降低。在列出的几个职称申报弄虚作假问题中，发表拼凑论文的比例最高，除"在没有实际贡献的论文上署名"占 12.5% 外，其他反映问题比较普遍的不超过 10%。

卫生技术人员和大学教师发表拼凑论文现象比较普遍。32.3% 的卫生技术人员和 32.2% 的大学教师反映为评职称发表拼凑论文的现象比较普遍，高于其他职业群体的科研人员。2015 年卫生技术人员（46.7%）和大学教师（43.5%）反映这一问题比较普遍的比例高于 2020 年。

2. 单位高级岗位数量不足、"破四唯"后新的评价标准未形成共识和"四唯"现象突出是目前职称制度改革中存在的主要问题

38.5% 的科研人员反映单位高级岗位数量不足是目前职称制度改革和政策落实存在占比最高的问题，其次是"破四唯""破五唯"后新的评价标准还未形成（36.5%）和"四唯""五唯"现象依然突出（35.0%）。

农技推广机构（56.8%）反映单位高级岗位数量不足的比例最高，其次是中学 / 中专 / 技校（55.3%），科研院所（45.3%）高出高等院校 7.2 个百分点。高等院校科研人员反映"四唯"破除后新评价标准无法形成共识问题突出，比例达 45.3%，超出科研院所 8.3 个百分点，同时超过其他类型的单位。

3. "四唯"破除不彻底，特别是在高等院校、院所和卫生机构等科研人员集中的单位

人社部等部门针对不同职称序列制定的分类指导意见中，提到要科学评价，破除"四唯"（唯论文、唯职称、唯学历、唯奖项）倾向。但近三成（28.8%）的科研人员反映本单位人才评价制度中"四唯"现象仍然突出（图 2-11），中部地区（30.1%）"四唯"现象最为突出。高等院校（38.5%）、院所（36.4%）和医疗卫生机构（32.8%）反映这一问题的比例高于其他类型单位。"双一流"高等院校（39.4%）和普通本科院校（39.4%）反映这一问题的比例没有差别，高出民办高等院校 6.7 个百分点。院所中，地方所属院所（41.2%）和部委所属院所（40.6%）"四唯"问题最严重，中科院所属院所（34.8%）次之，地方转制院所（25.0%）和中央转制院所（24.1%）这一比例约占四分

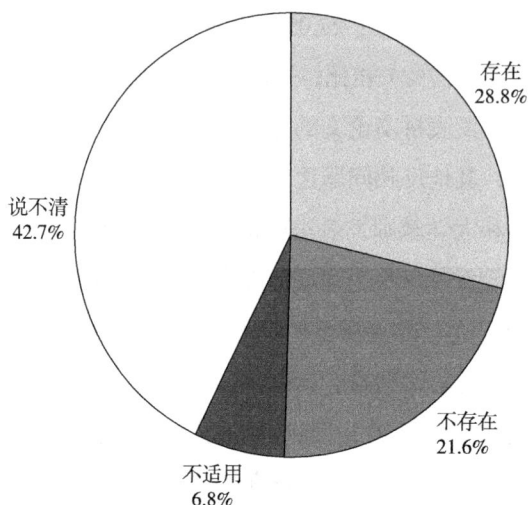

图 2-11 单位"四唯"现象仍然突出

之一。医疗卫生机构级别越高，反映"四唯"突出的比例越高，三级医疗卫生机构科研人员有 34.2% 反映"四唯"现象突出，其次是二级医疗卫生机构（26.0%）和一级医疗卫生机构（15.1%）。

4. "SCI 至上"在高等院校特别是双一流高等院校仍然突出

中办和国办印发的《关于进一步弘扬科学家精神加强作风和学风建设的意见》和《关于深化项目评审、人才评价、机构评估改革的意见》中提到，要破除论文"SCI 至上"。2020 年教育部和科技部印发《关于规范高等学校 SCI 论文相关指标使用 树立正确评价导向的若干意见》，对高等院校合理使用 SCI 指标，建立科学的评价体系，给予进一步指导和规范。但近四成（37.8%）的科研人员反映职称评审时单位 SCI 论文权重大于国内期刊论文，高等院校、科研院所和医疗卫生机构这一问题更为突出，56.7% 的高等院校科研人员反映这一现象存在，科研院所和医疗卫生机构这一比例为 53.2% 和 47.2%。

"双一流"高等院校和部委所属院所这一现象较为突出。61.2% 的"双一流"高等院校科研人员表示这一问题在本单位内存在，普通本科院校和民办高等院校这一比例分别为 58.4% 和 47.4%。部委院所的比例（72.4%）高于中科院所属院所（63.2%）、地方所属院所（52.1%），中央转制院所（37.9%）和地方转制院所（30.2%）比例相对较低。级别高的医疗机构这一现象更为突出。三级医疗卫生机构中，反映这一现象存在的比例为51.8%，而二级和一级机构这一比例分别为29.0%和3.8%。

5. 对不同人员、岗位、学科的分类评价不足

《关于深化职称制度改革的意见》中提到要"科学分类评价专业技术人才能力素质"，并且中办和国办于2018年专门印发《关于分类推进人才评价机制改革的指导意见》，要求"根据不同职业、不同岗位、不同层次人才特点和职责"，"分类建立健全涵盖品德、知识、能力、业绩和贡献等要素，科学合理、各有侧重的人才评价标准"。东部地区单位分类评价落实情况较好。东部地区科研人员反映单位内对基础研究人员和应用开发人员、不同岗位科研人员、不同学科人员有不同评价标准的比例高于其他地区。东部地区科研人员中有21.6%反映基础研究和应用研究评价标准不同，中部地区、西部地区和东北地区此比例分别为17.1%、18.7%、16.8%。东部地区科研人员反映单位对不同岗位有不同评价标准的比例为25.7%，中部地区、西部地区和东北地区分别为22.5%、21.9%、22.4%。东部地区科研人员中20.4%反映单位对不同学科科研人员有不同评价标准，中部地区、西部地区和东北地区这一比例分别为18.4%、18.6%、19.1%。

高等院校和科研院所级别越高，分类评价落实情况越好。无论是不同工作内容还是不同岗位和学科，"双一流"高等院校分类评价实施情况都要好于其他高等院校。中科院所属院所、部委所属院所要优于其他院所。以基础研究和应用研究人员分类评价为例，"双一流"高等院校科研人员反映评价标准不同的比例（35.0%）高于普通本科院校（24.3%）和民办高等院校（15.8%）。中科院所属院所和部委院所分类评价实施情况较好。中科院所属院所科研人员（37.0%）和部委所属院所科研人员（37.5%）反映本单位基础研究人员和应用研究技术开发人员职称评审标准不同，其他类型院所反映评审标准不同的均小于30%。

27.6%的科研人员反映本单位不同岗位的职称评审没有分类评价，科研院所（30.0%）和医疗卫生机构（30.0%）反映这一问题存在的比例高于高等院校（22.8%）。中科院所属院所（38.9%）和部委所属院所（39.6%）针对不同岗位

分类评价的比例更高。

三成（31.8%）的科研人员反映本单位没有针对不同学科科研人员的职称分类评价标准。科研院所这一比例（38.2%）高于高等院校 8.2 个百分点，部委所属院所（47.9%）和地方所属院所（42.2%）这一比例相对较高。

（二）职称评价机制

1. 职称评审社会化水平不高

落实企业自主评审职称工作任重道远。《人力资源和社会保障部办公厅关于进一步做好民营企业职称工作的通知》中指出要"健全民营企业职称评审机构"，"拓宽民营企业职称申报渠道"，以逐步解决企业科研人员无法参与职称评审的问题。调查显示，科研人员申报职称的主要途径是通过本单位进行申报。在有申报途径的科研人员中，64.5% 反映是通过本单位申报，25.0% 反映是通过人社部门或政府部门申报。16.3% 的企业科研人员反映单位内的科研人员可以通过具备条件的行业协会（学会）、公共人才服务机构等社会组织进行职称评审，公有制企业和非公企业相差不大，推行企业特别是民营企业职称评审工作开展任重道远。如图 2-12 所示。

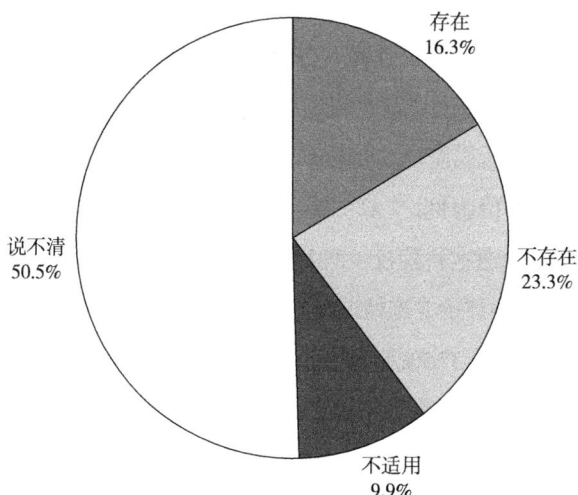

存在
16.3%

不存在
23.3%

不适用
9.9%

说不清
50.5%

图 2-12　企业科研人员可通过具备条件的行业协会（学会）、公共
人才服务机构等社会组织进行职称评审

2. 离岗创业或兼职人员、企业人员职称评审渠道还需进一步畅通

《人力资源社会保障部办公厅关于进一步做好民营企业职称工作的通知》中提出，"经批准离岗创业或到民营企业兼职的高等院校、科研院所、医疗卫生机构等企事业单位专业技术人才，三年内可在原单位按规定申报职称，其创业和兼职期间工作业绩作为职称评审的依据"。但反映单位允许离岗创业或兼职科研人员参加本单位职称评审的科研人员只占一成，科研院所（18.5%）和高等院校（14.4%）允许离岗创业或兼职的比例较高，"双一流"高等院校（14.9%）和普通本科院校（14.8%）的比例要高于民办高等院校（10.5%）。在科研院所中，地方所属院所（23.1%）允许离岗创业或兼职的比例远远高于其他类型院所。

11.4% 的科研人员反映本单位允许科研人员以离岗创业或兼职期内的工作业绩及取得的科研成果作为职称评审依据，高等院校和院所这一比例分别为14.6% 和 15.9%。院所中，地方所属院所这一比例更高，为 20.5%。

3. 四成科研教学辅助人员反映晋升通道缺乏

四成（43.8%）科研教学辅助人员反映目前缺乏晋升通道问题非常突出或比较突出。三成（30.0%）科研人员反映缺乏晋升通道的问题非常突出或比较突出，科研院所科研人员反映这一问题突出的比例（39.6%）要高于高等院校10 个百分点。

公益类单位辅助人员晋升问题较为突出。公益一类单位和二类单位中反映这一问题非常突出或比较突出的比例分别为 37.0% 和 37.7%，高于拟转制的事业单位（27.5%）和企业（28.0%）。

（三）职称管理服务方式

1. 职称申报手续复杂和周期过长仍然是申报和评审过程中的突出问题

职称申报手续复杂和周期过长仍然是申报和评审过程中的突出问题。科研人员反映在职称申报和评审过程中，遇到申报手续复杂（37.2%）、申报周期过长问题（32.0%）最为突出，如图 2-13 所示。但与 2015 年调查结果（分别为 48.8% 和 45.6%）相比，2020 年科研人员在职称评审和申报过程中遇到申报

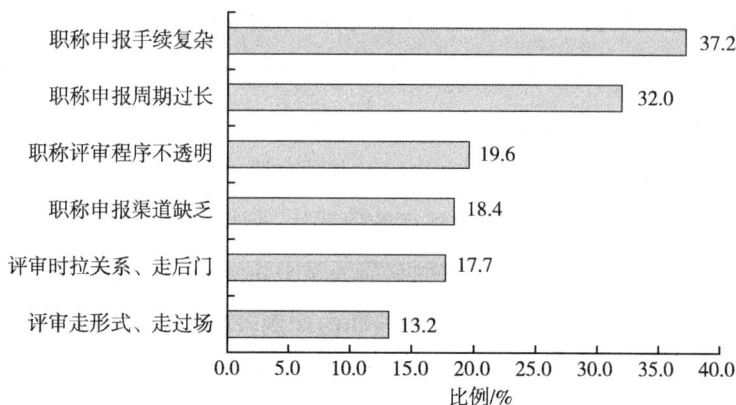

图 2-13　申报和评审过程中遇到的问题

手续复杂和周期过长问题的比例有所降低。

地方院所科研人员反映职称申报手续复杂、申报周期过长比例较高。42.5% 的地方所属院所和 41.7% 的地方转制院所科研人员反映在职称申报和评审过程中遇到申报手续复杂的问题，中科院所属院所这一比例仅为 13.0%。38.0%、33.3% 的地方所属院所和地方转制院所反映申报周期过长，与之相比，中科院所属院所反映申报周期长的仅占 14.6%。

2. 部分院所和高等院校行政权力干预评审的问题较为突出

在"双一流"高等院校，行政权力干预评审的问题较少，普通本科院校和民办高等院校分别有 25.6% 和 24.0% 的科研人员反映行政权力干预评审较为突出，而"双一流"高等院校这一比例为 18.7%。部委所属院所行政权力干预评审的问题突出，30.7% 的科研人员反映行政权力干预评审的问题非常突出或比较突出，远高于中科院所属院所（13.9%）、中央转制院所（15.5%）。

3. 职称福利化、资源化现象仍然存在，但得到一定程度改善

82.5% 的科研人员反映职称对在本单位提高收入待遇有帮助，79.6% 和 78.9% 的科研人员反映对在本单位获得职务晋升和获得同行认可有帮助，74.9% 和 70.3% 的科研人员反映职称有助于获取项目资源和获得科技奖励，69.8% 的科研人员反映有助于担任社会职务。反映有助于获得编制和方便工作调查的分别为 53.0% 和 52.2%，反映对获得户口有帮助的比例最低，为 35.4%。

与 2015 年相比，此次调查中反映职称对在本单位获得职务晋升和收入待遇提高很有帮助的比例分别提高了 3.0 个和 7.7 个百分点，但在获得科技奖励、项目、社会认知、编制、户口、方便工作调动和获得同行认可方面，反映很有帮助的比例均有所降低，其中获得编制、获得户口、方便工作调动降幅较大，分别降低了 13.1 个、23.7 个和 16.1 个百分点。

（四）职称与人才使用

1. 教师群体还存在职称评价与人才使用相分离的问题

《关于深化职称制度改革的意见》中要求，要处理好人才评价和人才使用的关系，"促进职称制度与用人制度的有效衔接。用人单位结合用人需求，根据职称评价结果合理使用专业技术人才，实现职称评价结果与各类专业技术人才聘用、考核、晋升等用人制度的衔接。……坚持以用为本，深入分析职业属性、单位性质和岗位特点，合理确定评价与聘用的衔接关系，评以适用、以用促评"。特别是对于高等院校教师、职业学校教师和中小学校教师，人社部和教育部在 2015—2020 年专门制定专项指导意见，指出实行评聘结合制度，获得职称但未被聘用到相应岗位的人员，聘用到相应岗位时不再需要经过评委会评审。但从调查结果来看，高等院校教师评聘分开的问题比中学教师更为严重，26.8% 的大学教师反映在单位取得职称后，聘用到相应岗位时还需要经过评审会评审，略高于反映这一现象不存在的高等院校教师比例（26.6%），而中学教师反映本单位存在这一问题的比例为 19.3%，表示不存在的比例更高，为 28.8%。

2. 工程师群体的职业和职称制度相衔接还不够紧密

从调查数据来看，26.0% 的工程技术人员反映有职业资格证书可直接认定为初级或中级职称，18.1% 表示职业资格证书可以作为申报高级职称的条件，但仍有 34.4% 的工程技术人员反映不能对应，或即使有资格证书但中级及以下职称仍然需要在单位再评。

六、职称制度改革方向

（一）对职称制度责任主体改革的建议

1.科研人员认为用人单位应成为聘任和评价的主体

调查显示，58.9% 的科研人员认为专业技术人员应该由用人单位判断是否与岗位合适，认为应由协（学）会和政府判断的，分别占 18.8% 和 11.4%。37.4% 的科研人员认为科技人员的技术和学术水平应该由用人单位评价才更具权威性，30.1% 认为同行评价更权威，21.0% 认为政府组织统一评价更权威。科学研究人员和大学教师认为学术水平应由同行评价更权威，与其他职业群体不同的是，科学研究人员和大学教师认同由同行评价的比例要高于用人单位自主评价的比例，分别为 48.9% 和 44.9%。

2.超过四成科研人员认为用人单位应自主决定职称评价标准和方式

44.1% 的科研人员对用人单位自主决定职称评价标准和方式表示同意。各类型单位中，高等院校科研人员（49.4%）对用人单位自主决定职称评价标准和方式表示同意的比例最高，其次是科研院所（47.5%）和农技推广机构（47.1%），医疗卫生机构和企业这一比例分别为 42.4%、41.0%。

3.科研人员赞成取消各级政府的职称管理机构

36.1% 的科研人员同意取消各级政府的职称管理机构，27.5% 表示不同意。从不同类型的高等院校来看，"双一流"（学科）高等院校科研人员同意的呼声更高，46.2% 表示同意，普通本科高等院校和民办高等院校这一比例为 38.7% 和 35.1%。对于不同类型的科研院所来说，部委所属院所同意取消政府职称管理机构的比例更高，达 45.3%，中科院所属院所和地方转制院所同意的比例分别为 39.5% 和 39.6%，地方所属院所和中央转制院所分别为 35.4% 和 33.6%。

（二）对职称结构改革的建议

1. 半数科研人员认为应取消对事业单位岗位数量和结构限制

调查显示，48.8% 的科研人员对取消事业单位岗位数量和结构限制表示同意，仅有 18.0% 表示不同意。六成（60.2%）的公益一类单位科研人员同意取消事业单位岗位数量和结构，公益二类单位这一比例为 59.7%，拟转企事业单位为 54.1%，科研人员对取消事业单位岗位数量和结构限制呼声较高。

2. 近四成科研人员认为应取消职称与福利挂钩，按岗位职务分配

37.1% 的科研人员同意取消职称与福利挂钩，按岗位职务分配。同时，有 33.9% 的科研人员表示不同意，两者相差 3.2 个百分点。工程技术人员、卫生技术人员、科学研究人员和技术推广人员不同意取消职称与福利挂钩的比例要高于同意取消的比例。大学教师、中学教师、科普工作者、科研和教学辅助人员、科技管理人员和实验技术人员同意取消职称与福利挂钩的比例更高。

取消职称与福利挂钩有一定的改革阻力。职称等级越高，不同意取消职称与福利挂钩、按岗位职务分配的比例越高。超过半数（54.8%）的正高级职称科研人员和超过四成（44.7%）的副高级职称科研人员不同意取消职称与福利挂钩，均高于同意的比例。而中级和初级职称科研人员同意取消职称与福利挂钩的比例更高，分别为 45.0% 和 39.3%。

（三）对评价标准改革的建议

1. 近半数科研人员认同取消职称作为申请项目、获奖的基本条件

48.4% 的科研人员对取消职称作为申请项目、获奖的基本条件表示同意。大学教师、中学教师和科学研究人员对取消职称作为申请项目和获奖基本条件的呼声更高。60.8% 的大学教师对此表示同意，中学教师和科学研究人员同意的比例分别达 55.2% 和 54.0%，医务工作者这一比例达 49.3%，科普人员同意取消的比例最低，但也占 36.0%。

2. 科研人员认为业务能力和业绩应是人才评价的主要标准，不同职业评价标准应不同

69.0% 的科研人员认为人才评价应该注重业务能力，在众多标准中排在第一位，其次是工作业绩（43.3%）和职业道德（42.5%）。从职业看，高等院校教师认为，根据自身岗位特点，人才评价应注重业务能力（67.9%）和代表作（56.5%），职业道德（40.4%）和教学水平（50.5%）次之。中学教师认为应注重业务能力（70.3%）和教学水平（55.9%），工作业绩（53.2%）和职业道德（48.8%）次之。科学研究人员认为，人才评价应该注重业务能力（67.9%）和代表作（56.5%），工作业绩（47.0%）和项目（45.3%）次之。医务工作者认为，根据自身岗位特点，人才评价要看重业务能力（78.1%）和职业道德（53.0%），工作业绩（45.2%）和临床诊疗（42.9%）次之。工程技术人员除业务能力（71.5%）和工作业绩（44.3%）外，更看重项目（39.7%）和成果转化效益（35.2%）。技术推广人员、科普工作者和科技管理人员对人才评价的主要标准看法一致，都认为应注重业务能力、工作业绩、职业道德和成果转化效益。科研教学辅助人员认为除业务能力（65.3%）、工作业绩（39.4%）和职业道德（39.5%）外，还应注重代表作（35.6%）。实验技术人员认为应看重业务能力（64.7%）、工作业绩（35.1%）、职业道德（32.8%）和项目（26.3%）。

第三章　人才发展专项调查 [①]

本次调查以《〈国家中长期人才发展规划纲要（2010—2020年）〉〈重大人才工程〉实施情况总结评估工作方案》为指导，依托全国516个科技工作者状况调查站点进行，覆盖全国除港澳台以外的31个省（自治区、直辖市）和新疆生产建设兵团，有效涵盖科研院所、高等院校、企业、医疗卫生机构和县域基层单位的科技工作者群体，共完成有效问卷18555份。

一、调查数据说明

本次调查采取随机抽样方法选取样本，在调查实施过程中严格遵循社会调查规范，保证了调查的科学性、客观性和准确性，课题组根据第六次全国人口普查数据中各地区就业人员数量和受教育程度构成情况，对各省调查样本进行了权重调整。

本次调查的样本分布基本合理，能较好地代表全国科技工作者的整体状况。从性别看，男女比例基本持平，男性占51.4%，女性占48.6%；从年龄看，平均年龄为36.9岁，30岁以下占19.3%，30～39岁占47.3%，40～49岁占23.7%，50岁及以上占9.8%；从工作年限看，平均工作年限为12.9年，工作5年及以下占26.2%，6～10年占22.6%，11～20年占29.0%，21年及以上占22.3%；从地域分布看，东部地区占40.8%，中部地区占22.5%，西部地区占28.1%，东北地区占8.6%；从学历看，博士占19.2%，硕士占26.5%，本科占42.8%，大专及以下占11.4%。从所在单位类型看，科研院所占19.6%，高等院校占21.9%，中学、中专占8.4%，医疗卫生机构占13.2%，技术推广与科普

---

① 本章主要执笔人：张静、李慷、胡林元、邓大胜。

服务组织占 4.7%，大型企业占 14.7%，中小企业占 13.2%，园区占 1.5%，社团占 2.9%。从职业划分看，工程技术人员占 23.4%，卫生技术人员占 11.5%，科学研究人员占 7.9%，大学教师占 16.6%，中学（专）教师占 7.6%，技术推广及科普工作者占 13.5%，科研及教学辅助人员占 8.0%，科技管理人员占 11.6%。从职称级别看，正高级占 6.4%，副高级占 23.0%，中级占 34.8%，初级占 15.5%，没有职称占 20.3%。从行政职务看，高层管理人员（单位领导）占 2.0%，中层管理人员（部门领导）占 13.9%，一般管理人员占 21.5%，无行政职务占 62.7%。从获奖情况看，入选过中央/国家/部级人才计划项目的占 0.6%，入选过地方人才计划项目的占 7.0%。

二、科技工作者对我国人才发展现状与形势的评价

（一）对我国人才发展外部环境的判断

1. 我国的人才发展环境仍不具备吸引海外人才的明显优势

随着新一轮科技革命和产业变革的来临，全球进入了科技创新竞争的新时代。为抢占未来科技与经济发展的制高点，世界各国加紧制定和实施新的人才战略，新一轮国际高层次人才争夺战正在激烈上演。然而与发达国家相比，我国人才发展环境仍不具备吸引海外人才的明显优势。瑞士洛桑国际管理发展学院（IMD）世界竞争力中心发布的《IMD 世界人才报告 2019》中，中国的综合排名为 42，位于 60 个被评价国家的靠后位置，一级指标中的人才吸引力排名为 55，相对低于人才开发能力（第 42 位）和人才竞争力（第 31 位）的排名。[1] 德科集团（Adecco）、欧洲工商管理学院（INSEAD）和谷歌公司联合发布的《2020 全球人才竞争力指数》中，中国在"吸引力"一级指标的排名位于 132 个国家的第 87 位。[2] 本次调查中科技工作者的评价与上述人才报告的相关结论

---

[1] 来自 IMD 官网发布的《IMD 世界人才报告 2019》，网址为：https://www.imd.org/wcc/world-competitiveness-center-rankings/world-talent-ranking-2019/。

[2] 来自欧洲工商管理学院（INSEAD）官网发布的《2020 全球人才竞争力指数》，网址为：https://gtcistudy.com/the-gtci-index/#gtci-rankings-table。

基本一致，29.2% 的科技工作者认为我国人才发展环境吸引海外人才的优势明显，18.4% 认为缺乏人才吸引优势，另有 52.3% 的科技工作者表示说不清。

人才管理制度和收入水平是目前我国吸引海外高层次人才的短板。在本次调查中，46.0% 的科技工作者认为我国吸引海外人才存在的主要问题是人才管理制度尚未和国际接轨，提出该问题的人员比例相对较高。近年来，我国已出台了一系列政策措施完善来华外国专家的出入境管理机制、融入机制和工作平台环境等。例如，颁布实施《中华人民共和国外国人入境出境管理条例》，新增人才签证、推进外国高端紧缺人才在华永久居留制度等。但是更深层次的人才管理制度仍需进一步探索与国际接轨，例如人才资格互认、个人所得税负等。另外，分别有 36.8% 和 34.4% 的科技工作者提出我国引进海外人才还存在收入水平不高和人才政策不稳定的问题（图 3-1）。引进国外人才的法律制度缺失，缺少对人才永久居留标准、待遇和程序的政策规定，人才政策稳定性差、透明度不高或成为目前我国吸引海外高层次人才存在的突出问题。

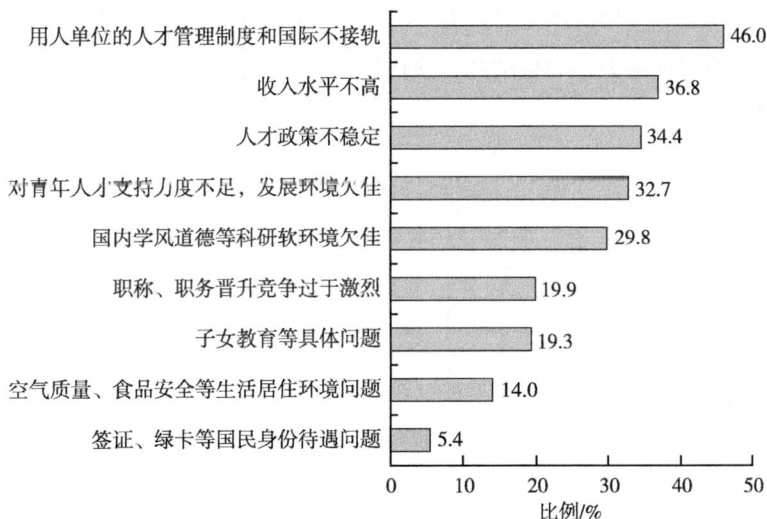

图 3-1　科技工作者认为我国吸引海外高层次人才存在的问题

2. 近年来我国的海外留学回国人才明显增加

为应对全球化态势下的人才资源争夺战，近年来我国逐渐加大力度吸引留学海外高层次人才回国创新创业，并通过建设留学人员创业园区、为留学人员提供创业资助和融资服务等方式，鼓励海外留学人员回国工作、创业。近年来，我国的海外留学回国人才数量明显增加。根据教育部发布的《2018 年度我国出国留学人员情况统计》，2018 年各类留学回国人员总数为 51.94 万人，较 2017 年增加 3.85 万人；1978 年到 2018 年底，365.14 万人在学业完成后选择回国，占出国留学完成学业人员的 84.46%。[①] 本次调查中，45.7% 的科技工作者表示近五年周围的海外留学回国人才明显增加，18.3% 的人员表示基本没有变化，仅 4.4% 的人员认为有所减少。

东部地区的留学回国人才增加更加明显。调查显示，东部地区的科技工作者中，51.1% 认为近五年周围的海外回国人才明显增加，较西部地区和东北地区的相应比例分别高出 10.3 个百分点和 11.6 个百分点。这与启德教育、前程无忧、应届生求职网联合发布的《2019 海归就业力调查报告》的结论基本一致，选择北上广深等一线城市就业的海归人才占比达 39.57%，相对高于其他地区。从不同单位类型来看，高等院校和科研院所中的留学回国人才增加更为明显。高等院校和科研院所中分别有 61.1% 和 47.7% 的科技工作者认为近五年周围的海外留学回国人才明显增加，该比例相对高于其他类型单位（图 3-2）。

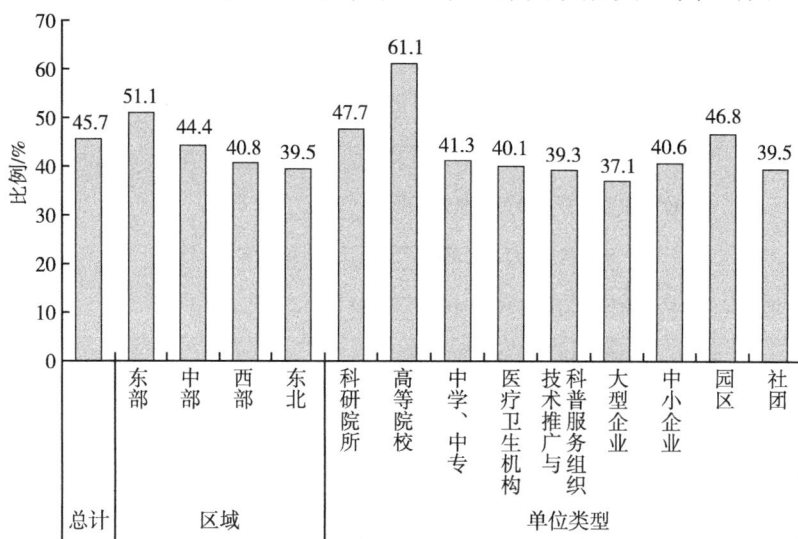

图 3-2　科技工作者认为近五年周围留学回国人才明显增加的比例

① 来自教育部网站新闻，网址为：http://www.moe.gov.cn/jyb_xwfb/gzdt_gzdt/s5987/201903/t20190327_375704.html。

3. 中美贸易战为我国集聚高端人才提出新的挑战和机遇

2018 年以来，中美贸易战、科技战持续升级，美国对我国的技术封锁成为新常态。对于我国以海外高层次人才引进为目标的各类人才计划，美国的态度趋于保守和警惕。本次调查中，54.4% 的科技工作者认为，美国对我国人才计划的态度转变将明显影响我国的海外人才引进，其中 36.7% 的科技工作者认为是负面影响，将明显阻碍我国引进海外人才，17.7% 的科技工作者认为这是我国引进海外人才的好机会，仅 10.8% 认为对我国引进海外人才影响不大。高职称、高学历科技工作者对中美贸易战的影响有更清晰的认识。如图 3-3 所示，分别有 62.6% 的高级职称科技工作者和 61.1% 的博士学历人员认为美国对我国人才计划趋于保守和警惕的态度将对我国人才引进产生很大影响，认为是消极影响的高级职称人员（43.7%）和博士学历人员（37.9%）占比相对高于科技工作者的整体水平；认为是积极作用的高级职称科技工作者（18.9%）和博士学历人员（23.2%）占比也相对较高。

可以认为，中美贸易战对我国高层次人才集聚产生重要影响，已成为我国多数科技工作者的共识。美国作为典型的世界科技强国，拥有全世界数量最

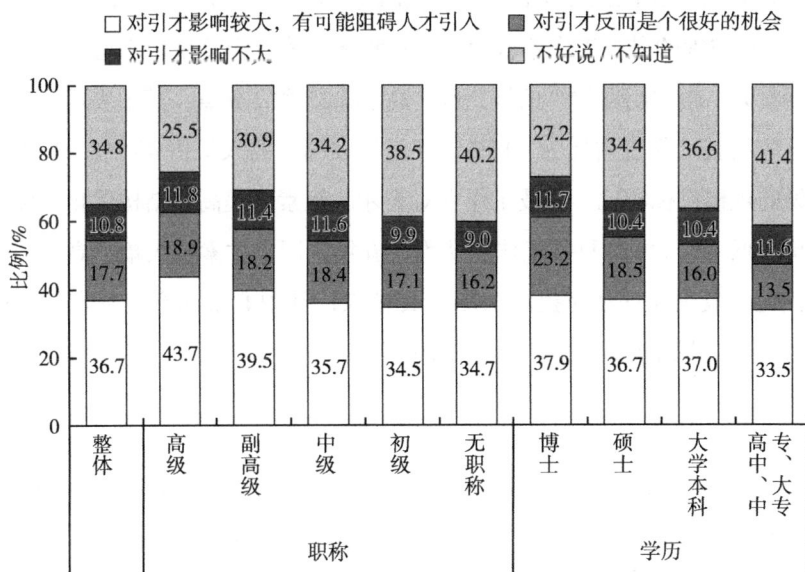

图 3-3　科技工作者对中美贸易战对我国引才计划影响的评价

多的顶尖科学家，长期以来在多个科技领域保持绝对领先优势。美国的技术封锁和对国际交流、人才流动的限制，将增加原本打算回国（来华）创新创业人才的顾虑，加大我国海外引才难度。但与此同时，美国对市场规则和国际学术秩序的破坏，也将降低美国对高端人才的吸引力，或成为我国集聚高端人才的机遇。

（二）对纲要目标实现情况的评价

《国家中长期人才发展规划纲要（2010—2020 年）》（以下简称《规划纲要》）制定了到 2020 年我国人才发展的总体目标：培养和造就规模宏大、结构优化、布局合理、素质优良的人才队伍，确立国家人才竞争比较优势，进入世界人才强国行列，为在 21 世纪中叶基本实现社会主义现代化奠定人才基础。

1. 人才队伍的规模目标实现程度好于素质和结构目标

《规划纲要》实施以来，我国着力造就规模宏大的高素质人才队伍，注重提升各类人才的整体素质，推动人才结构战略性调整。本次调查中，约九成科技工作者认可我国人才队伍建设的总量规模、素质提升和结构优化目标实现程度。90.7% 的科技工作者认为近五年我国人才资源总量稳步增长，队伍规模不断壮大，较中期评估[①]的该比例提高了 5.25 个百分点，其中表示非常同意该观点的科技工作者占比为 49.9%，表示比较同意的人员占 40.8%。与人才队伍建设的规模目标相比，科技工作者对人才队伍素质提高和结构优化目标实现的评价略低。84.6% 的科技工作者认为近五年我国人才素质大幅提高，结构进一步优化，较中期评估时提高 7.78 个百分点，其中非常同意该观点的人员占 39.0%，比较同意的人员占 45.5%（图 3-4）。

---

① 2016—2017 年中国科协创新战略研究院承担《国家中长期人才发展规划纲要（2010—2020 年）》实施情况中期评估工作。为了解广大科技工作者对我国人才发展状况的评价，中期评估开展面向科技工作者的问卷调查，回收有效问卷 23763 份，样本分布情况基本与本次调查一致，因此用于本次调查有关数据的比较参考。

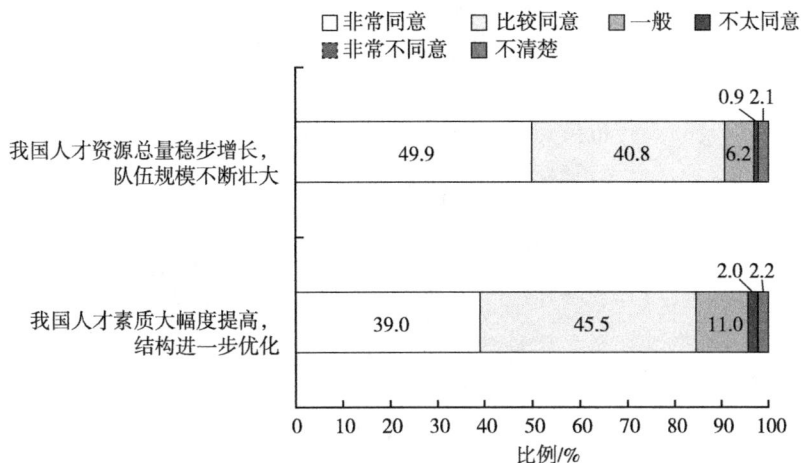

图 3-4　科技工作者对人才队伍规模目标和素质、结构目标实现情况的评价

2. 我国人才竞争比较优势明显提升

随着我国经济迅速发展，我国的人才国际竞争力也在不断提高。德科集团（Adecco）、欧洲工商管理学院（INSEAD）和谷歌公司联合发布的全球人才竞争力指数报告，旨在评估全球主要国家和经济体吸引、培养和留住人才的能力，以及人才所具备的技术/职业技能与全球知识技能。2015—2017 年，我国的人才竞争力指数在 88 个被评价国家中排名第 45 位，2018—2020 年我国的平均排名上升到第 39 位，较 2015—2017 年上升 6 位，人才竞争力明显提升。本次调查中，85.4% 的科技工作者认为我国人才竞争比较优势明显增强，人才竞争力不断提升，较中期评估时提高 3.01 个百分点，其中 42.1% 的科技工作者非常同意此观点，43.3% 的科技工作者表示比较同意（图 3-5）。

3. 我国人才发展能够适应经济社会发展需求

人尽其才，人才使用效能明显提高，是《规划纲要》提出的重要战略目标之一。具体表现为，人才发展能够适应经济社会发展需求，为经济增长做出突出贡献。党的十九大以来，继续大力实施创新驱动发展战略、建设支撑高质量发展的现代产业体系和推动区域协同发展是我国贯彻新发展理念，建设现代化经济体系的重要内容。本次调查结果显示，78.9% 的科技工作者认为我国人才发展能够有效支撑创新驱动发展战略，其中 33.9% 的科技工作者表示非常同

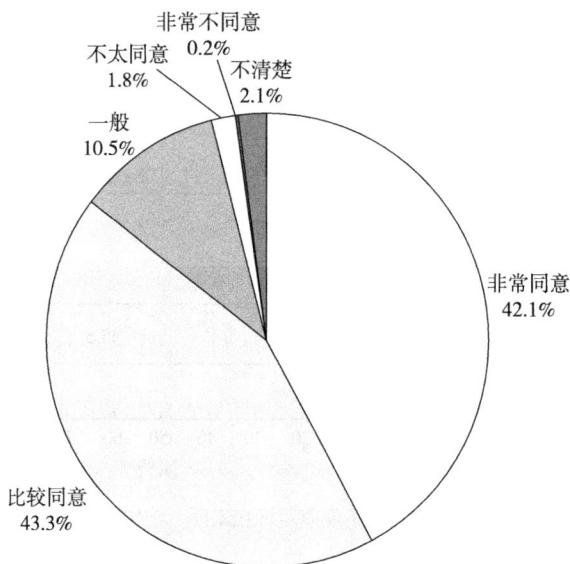

图 3-5　科技工作者对我国人才竞争力的评价

意，45.0% 的人员表示比较同意；75.6% 的科技工作者认为我国人才发展能够有效助推区域协同发展，其中 30.8% 的人员表示非常同意，44.8% 表示比较同意；70.5% 的科技工作者认为我国人才结构与产业结构升级和建设现代产业体系相匹配，其中 25.3% 表示非常同意，45.2% 表示比较同意（图 3-6）。

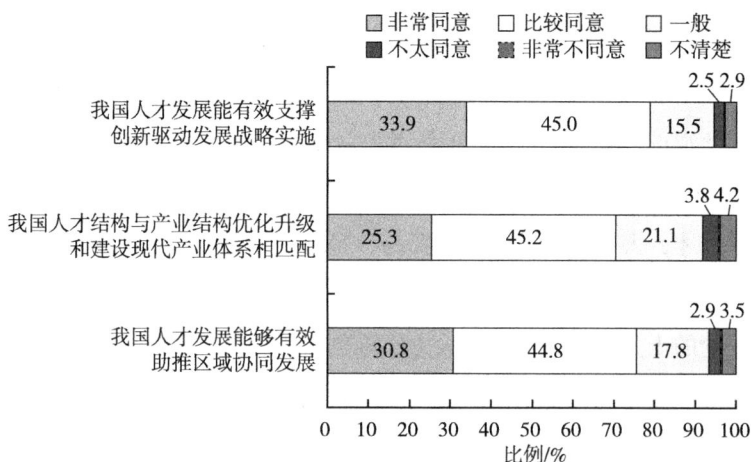

图 3-6　科技工作者对人才发展适应经济社会发展需求的评价

4. 我国基本实现进入世界人才强国行列的目标

中国 2020 年进入世界人才强国行列，是《规划纲要》明确提出的人才发展总体目标。本次调查结果显示，半数以上科技工作者认为我国实现了该发展目标，其中 9.9% 认为我国已全面实现，41.1% 认为基本实现，仅部分领域有差距，30.9% 的科技工作者则认为我国尚未实现该目标，仍在较多领域存在差距。

职称或学历较高的科技工作者，认为我国实现世界人才强国目标的比例相对较低。如图 3-7 所示，47.9% 的高级职称科技工作者认为我国已全面实现或基本实现世界人才强国目标的比例，较中级职称和初级职称人员的相应比例低 3.7 个和 4.8 个百分点；49.8% 的博士学历科技工作者认为我国已全面实现或基本实现人才强国目标的比例，较大学本科学历人员的相应比例低 2.2 个百分点。

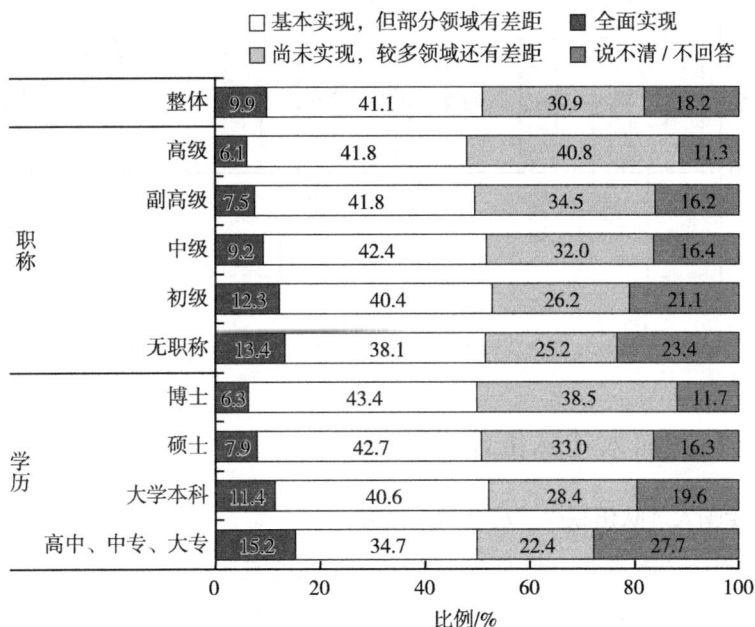

图 3-7 科技工作者对我国进入世界人才强国行列的评价

5. 我国基本具备 2035 年实现社会主义现代化发展目标的人才保证

党的十九大提出了 2035 年基本实现社会主义现代化的发展目标。人才资源作为社会主义现代化建设的第一资源，将提供坚强的人才保证和广泛的智力支撑。本次调查中，43.3% 的科技工作者表示基于我国目前的人才储备和发展趋势，对 2035 年基本实现社会主义现代化发展目标很有信心，42.5% 表示比较有信心，仅有 2.8% 和 1.5% 的科技工作者表示不太有信心和完全没信心。高级职称科技工作者表现出更强的信心，87.2% 的高级职称科技工作者认为我国具备了实现社会主义现代化发展目标的人才保证，表示对实现社会主义现代化发展目标很有信心或比较有信心，分别较初级和中级职称人员的该比例高 1.22 个百分点和 0.76 个百分点（图 3-8）。

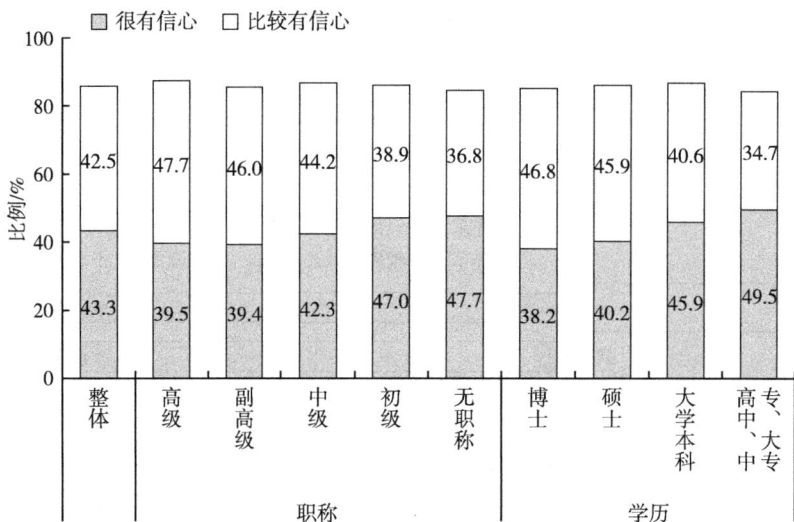

图 3-8　科技工作者认为我国具备实现社会主义现代化人才保证的比例

（三）我国人才队伍建设的评价

1. 我国人才队伍缺少"高精尖"人才

《规划纲要》提出，要加强领军人才、核心技术研发人才培养和创新团队建设，大力开发经济社会发展重点领域急需紧缺专业人才。本次调查中，52.3% 的科技工作者认为我国的人才队伍仍缺少核心技术研发人才，30.3% 的科技工作者认为缺少领军人才和高层次人才，认为缺少高技能人才和优秀经营管理人才的科技工作者占比相对较小，分别为 18.6% 和 19.4%。

高职称、高学历科技工作者认为人才队伍缺少"高精尖"人才的问题更严重。如图 3-9、图 3-10 所示，分别有 64.0% 的高级职称科技工作者和 58.0%

的博士认为我国人才队伍缺少核心技术研发人才，此比例高于科技工作者平均水平；分别有 40.4% 的高级职称科技工作者和 33.4% 的博士认为我国人才队伍缺少领军人才和高层次人才，也高于科技工作者的平均水平。

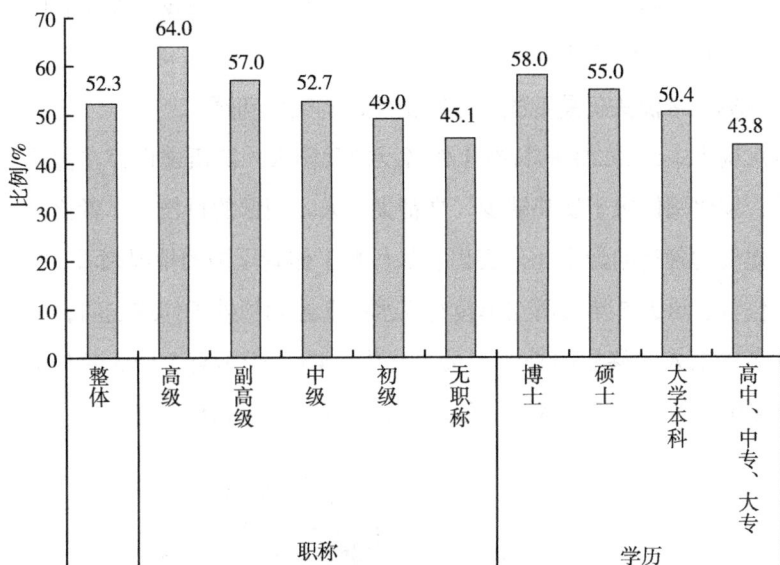

图 3-9　科技工作者反映人才队伍缺少核心技术研发人才的比例

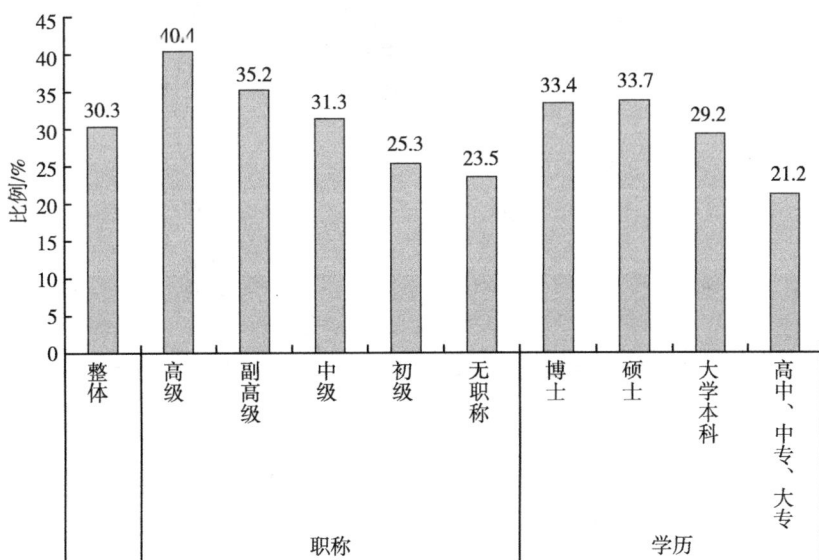

图 3-10　科技工作者反映人才队伍缺少领军人才/高层次人才比例

从科技工作者，特别是高职称、高学历科技工作者的评价来看，我国人才队伍建设仍面临较为突出的"高精尖"人才缺少问题。继续大力引进前沿领域高端人才，改进战略科学家和创新型高层次人才培养支持方式，着力解决阻碍"高精尖"人才脱颖而出的制度障碍，仍是未来一个时期我国人才队伍建设和人才体制机制改革的重要方向。

2. 优秀人才流失仍是我国人才队伍建设的突出问题

本次调查中，40.2%的科技工作者反映我国人才队伍建设存在优秀人才流失问题，该比例仅次于反映缺少"高精尖"人才问题的科技工作者比例，在人才队伍建设的各类问题中相对突出。从科技工作者周围的情况来看，15.7%的科技工作者表示近5年其所在单位有高水平人才到国外工作或定居，其中，表示有5名以上人才移居国外的人员占比为4.4%，表示有3～5名和1～2名人才移居国外的科技工作者占比分别为3.6%和7.7%（图3-11）。

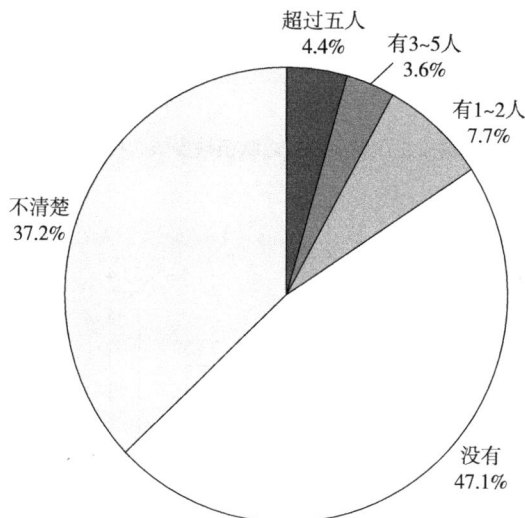

图3-11 科技工作者表示近五年其单位有高水平人才到国外工作或定居的比例

高等院校、科研院所和医疗卫生机构的高水平人才流失情况相对严重。如图3-12所示，高等院校、科研院所和医疗卫生机构中，分别有19.6%、18.3%和18.2%的科技工作者表示近5年其所在单位有高水平人才到国外工作或定居，该比例相对高于其他类型的机构。高等院校、科研院所和医疗卫生机构是我国高水平人才相对集中的机构类型，多数属于事业单位性质，长期以来存在相对突出的人才管理行政化和单位自主权受限等问题，在一定程度上导致了单位高水平人才流失。改进上述机构的人才管理方式，发挥市场配置资源的基础性作用，将是留住、用好高水平人才的重要方面。

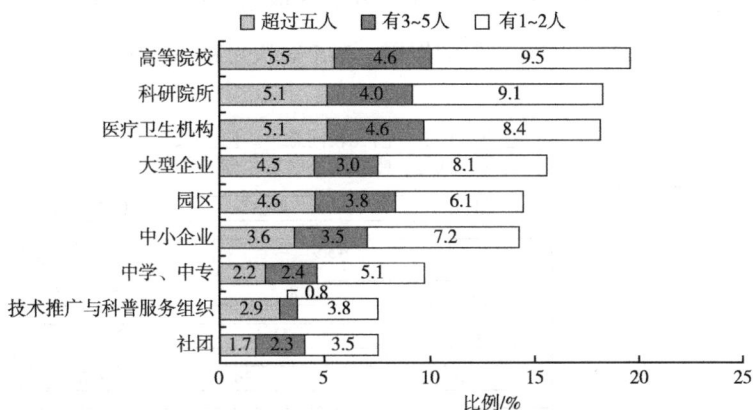

图 3-12　不同类型机构高水平人才到国外工作或定居的比例

（四）对人才工作体制机制改革的评价

1. 总体来看我国人才发展体制机制改革成效明显

《规划纲要》实施以来，我国不断改进完善人才管理方式、创新人才工作机制，着力改革现有人才工作体制机制与人才发展规律不相适应的地方。本次调查中，72.9%的科技工作者认为近5年我国人才发展体制机制创新取得了突破性进展，人才使用效能明显提高，其中31.6%表示非常同意该观点，41.3%表示比较同意。另有19.5%的科技工作者表示改革效果一般，4.9%表示不认同改革成效。

高职称、高学历科技工作者对我国人才体制机制改革成效的认可度相对较低。如图3-13所示，63.1%的高级职称科技工作者认为我国人才发展体制机制创新取得突破性进展，分别较初级和中级职称人员低15.2个百分点和9.2个百分点；63.5%的博士学历科技工作者认可人才发展体制机制改革成效，该比例较大学本科学历人员低13.4个百分点。

2. 党管人才领导体制发挥重要作用

党管人才，是我国人才工作的根本原则，包括规划人才发展战略，制定并落实人才发展重大政策，协调各方面力量形成合力以及为人才提供良好服务等内容，是人才工作沿着正确方向前进的根本保证。本次调查中，74.2% 的科技工作者认为其所在单位的党委（党组）在人才队伍建设方面发挥了重要作用，其中 35.4% 认为发挥了非常重要的作用，38.7% 认为发挥了比较重要的作用。

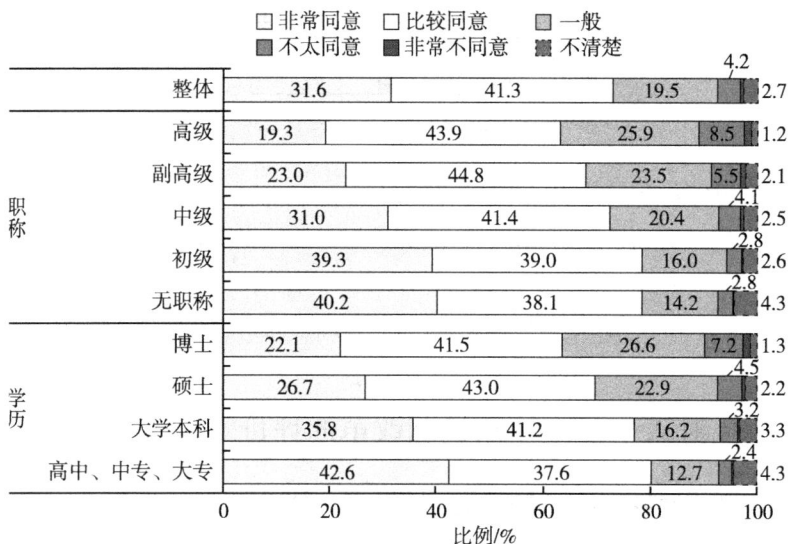

图 3-13 不同职称和学历科技工作者对人才体制机制改革的评价

从单位类型来看，医疗卫生机构、中学中专和高等院校科技工作者对党管人才领导体制的评价更高。如图 3-14 所示，79.0% 的医疗卫生机构科技工作者认为单位党委（党组）在人才队伍建设方面发挥重要作用，较科技工作者该比例平均水平高 4.8 个百分点。其次，中学 / 中专（77.6%）和高等院校（76.5%）持该观点的科技工作者比例也相对高于整体平均水平。

3. 政府对人才资源的宏观管理能力明显提升

完善政府对人才资源的宏观管理，政府职能向创造良好发展环境、提供优质公共服务转变，运行机制和管理方式向规范有序、公开透明、便捷高效转变，是《规划纲要》提出的政府宏观管理人才资源能力提升的目标。本次调查中，83.8%的科技工作者认为，与5年前相比政府对人才资源的宏观管理能力有所提高，其中34.2%的科技工作者认为较5年前好很多，49.6%认为好一些，较中期评估时该比例提高了18.5个百分点。

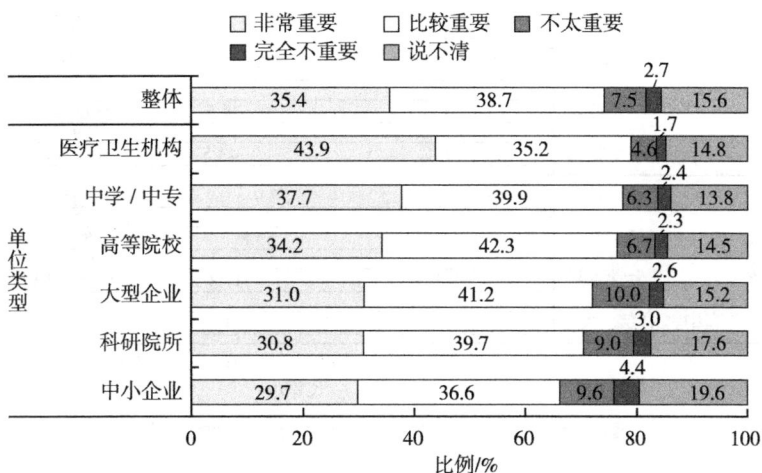

图3-14 不同单位类型科技工作者对党管人才领导体制的评价

高职称、高学历科技工作者对政府人才宏观管理能力的评价相对保守。如图3-15所示，82.3%的高级职称科技工作者认可政府的人才宏观管理能力的提升，该比例较初级和中级职称人员低2.3个百分点和1.8个百分点；80.4%的博士学历人员认为政府的人才宏观管理能力有提升，该比例较大学本科学历人员低5.2个百分点。

4. 市场配置人才资源的决定性作用更加凸显

处理好政府与市场的关系，使市场在人才资源配置中起决定性作用，是我国人才管理体制改革的核心内容。《规划纲要》实施以来，我国人才管理部门进一步简政放权，减少对人才流动的行政干预，同时健全人才市场体系，使人才在市场机制作用下自由流动、自主择业。本次调查中，83.3%的科技工作者认为与5年前相比，市场机制配置人才资源的作用更为突出，其中29.8%的科技工作者认为较5年前好很多，53.5%认为好一些，较中期评估提高18.6个百分点。从不同机构类型来看，中学、医疗卫生机构和高等院校中，分别有86.1%、84.6%和83.6%的科技工作者认为市场机制的作用有提升，比例相对

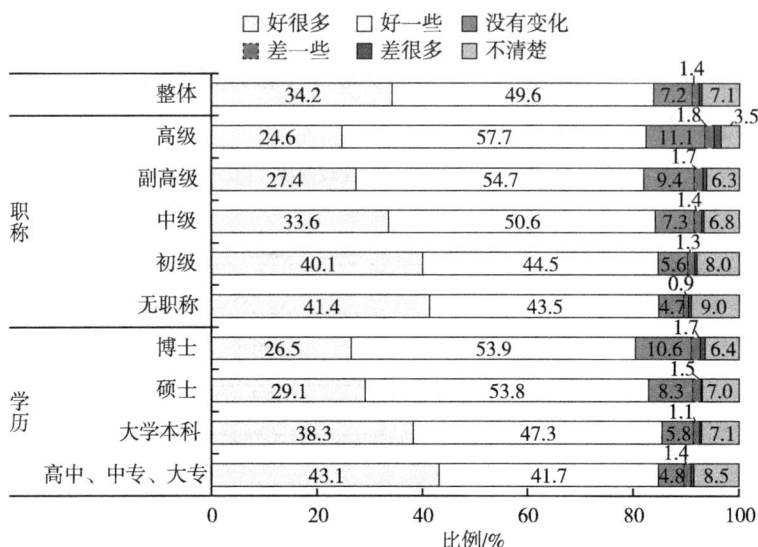

图 3-15　科技工作者对政府人才管理能力的评价

高于其他机构类型科技工作者；科研院所中，仅 79.2% 的科技工作者认为市场机制的作用有提升（图 3-16）。

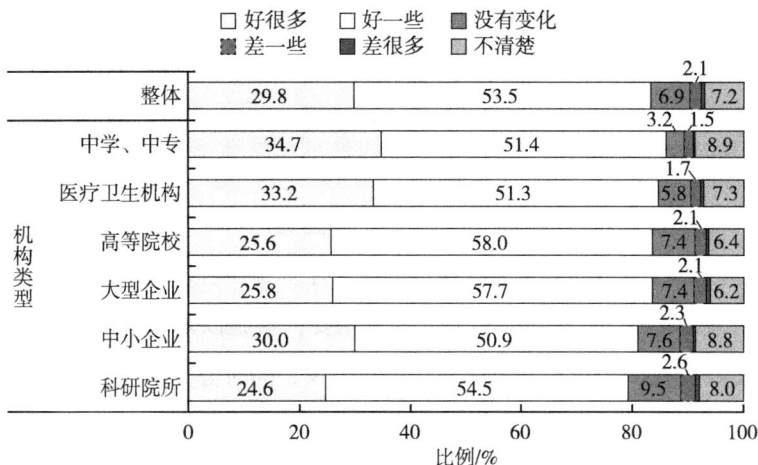

图 3-16　科技工作者对市场配置人才资源作用的评价

人才流动的体制机制障碍逐步破除，户籍、人事档案制度等已不再是阻碍人才流动的主要问题。如图 3-17 所示，45.7% 的科技工作者认为其换工作的

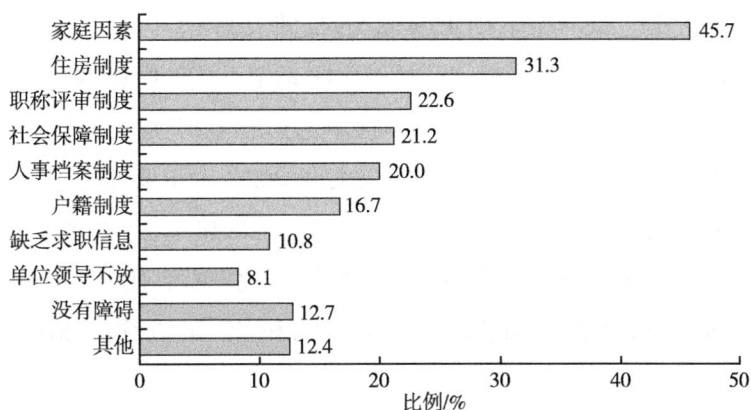

图 3-17　科技工作者换工作面临的主要障碍或困难

主要困难是家庭因素，31.3% 的人员认为主要困难是住房。认为主要困难是职称评审制度（22.6%）、社会保障制度（21.2%）、人事档案制度（20.0%）和户籍制度（16.7%）的科技工作者占比相对较小。

人才从体制内单位向体制外流动的困难已相对较小。如图 3-18 所示，分别有 28.7% 和 29.3% 的科技工作者认为"高等院校和科研院所科技人员向企业流动存在制度障碍"和"党政机关人才向企事业单位流动渠道不畅通"，认为上述问题非常突出的人员仅占 6.2% 和 7.5%。相对而言，认为"目前人才从非公经济和社会组织向党政机关、国有企事业单位流动的渠道不畅通"的科技工

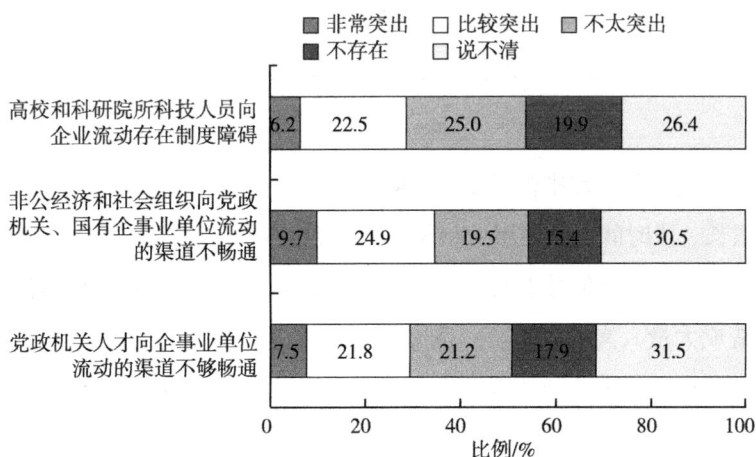

图 3-18　科技工作者对人才流方向的评价

作者较多，占比达 34.7%，其中 9.7% 认为问题非常突出。

人才向基层一线和艰苦地区流动仍需加强政策引导和激励保障。本次调查中，41.8% 的科技工作者认为目前人才向艰苦边远地区和基层一线流动缺乏倾斜政策，11.5% 的科技工作者表示该问题非常突出，30.3% 表示该问题比较突出（图3-19）。在市场经济条件下，引导人才向欠发达地区和基层一线地区流动，不仅需要增强人才的使命感和责任感，而且需要在人才选拔、使用、培养、职称、待遇等方面进行政策倾斜，在人才的工作、学习和生活等方面提供激励保障。

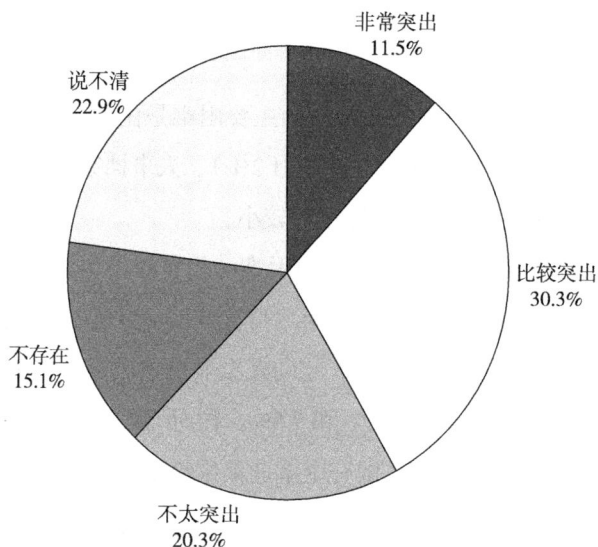

图 3-19 科技工作者对人才向基层一线和艰苦地区流动缺乏政策倾斜的评价

5. 单位选人用人自主权得到有效落实

在很长一段时间，我国事业单位的人才选拔主要通过组织调配、吸收录用等方式进行，用人单位对于人才选录缺乏自主权，各类人才对工作岗位缺乏选择权，造成大量人岗不相适应、人才资源浪费等现象。2006 年以来，按照国家统一部署，事业单位陆续改革人员选录机制。《规划纲要》也提出，要深化国有企业和事业单位人事制度改革，转换用人机制，扩大和落实单位用人自主权，发挥用人单位在人才培养、吸引和使用中的主体作用。

本次调查中，80.4%的科技工作者认为，与5年前相比，用人单位的选人用人主导地位进一步明确，其中28.8%的科技工作者认为单位自主用人情况较5年前好很多，51.6%认为好一些，较中期评估高16.3个百分点。在单位选人用人的具体问题上，29.6%的科技工作者认为单位没有评审高级职称权限问题突出，24.0%的人员认为单位没有自主设立岗位的权限问题突出，19.3%的人员认为单位无法自主决定绩效考核和绩效分配办法问题突出，均低于中期评估时的相应比例。

医疗卫生机构和高等院校在扩大和落实单位用人自主权方面成效更明显。如图3-20所示，医疗卫生机构和高等院校中，分别有84.3%和82.8%的科技工作者认为单位的用人自主性较5年前更强，明显高于科研院所中持该观点的人员比例（74.8%）。在具体问题上，医疗卫生机构和高等院校中，分别有27.3%和20.2%的科技工作者认为单位没有评审高级职称权限问题突出；分别有21.9%和19.7%的科技工作者认为单位没有自主设立岗位权限问题突出；分别有17.3%和14.5%的科技工作者认为单位无法自主决定绩效和绩效分配办法问题突出，均明显低于平均水平。

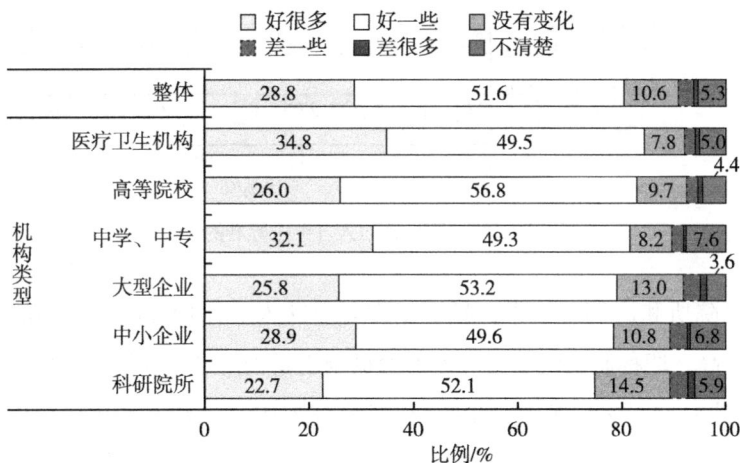

图3-20　科技工作者对单位用人自主权的评价

6. 人才评价标准不合理问题亟待解决

人才评价贯穿于人才工作的全过程，是发现、培养、选拔、使用人才的重要依据，在人才开发与管理中发挥着基础性和关键性作用。但目前我国的人才评价尚未发挥出"指挥棒"作用，存在明显的评价标准不合理问题。如图 3-21 所示，在本次调查中，37.3% 的科技工作者认为目前的人才评价结果不利于调动多数人的工作积极性。40.39% 的科技工作者认为单位的考核评价标准过于单一，对不同岗位缺乏分类评价问题突出，其中 11.4% 认为问题非常突出，29.0% 认为比较突出；38.9% 认为人才评价中的论文、学历、资历因素比业绩和贡献更重要，存在严重的"四唯"问题；33.7% 认为现有的职称评价标准与岗位职责要求脱节，26.6% 认为人才评价忽视品德和职业道德素质。

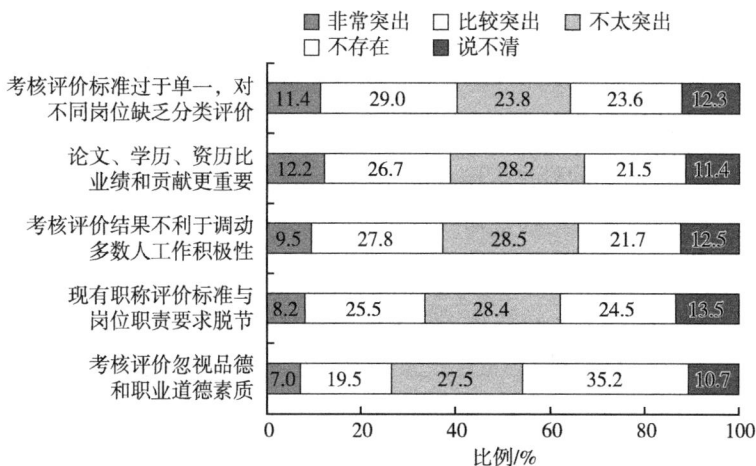

图 3-21　科技工作者对人才评价标准的评价

科研院所和高等院校中，科技工作者反映人才评价标准不合理的人员占比相对较高，职称制度改革和人才评价机制创新仍需进一步深化和落实。如图 3-22 和图 3-23 所示，在科研院所和高等院校中，分别有 46.5% 和 42.9% 的科技工作者认为单位考核标准单一，对不同岗位缺乏分类评价；有 44.1% 和 48.6% 的科技工作者认为考核评价时论文、学历、资历比业绩和贡献更重要；有 37.4% 和 35.8% 的科技工作者认为现有职称评价标准与岗位职责要求脱节；另有 31.2% 和 26.4% 的科技工作者认为考核评价忽视品德和职业道德素质，上述比例均超过企业科技工作者持相关观点的人员占比。

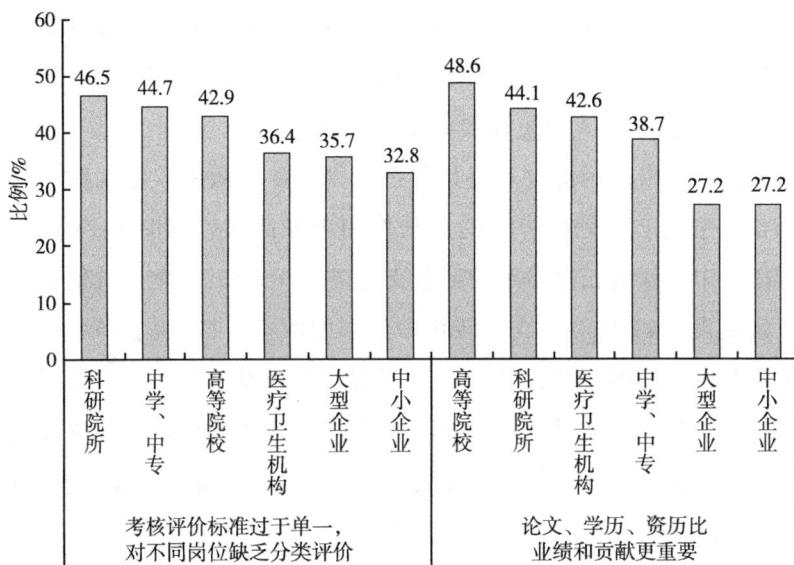

图 3-22 不同机构类型科技工作者反映人才评价标准单一和"四唯"问题比例

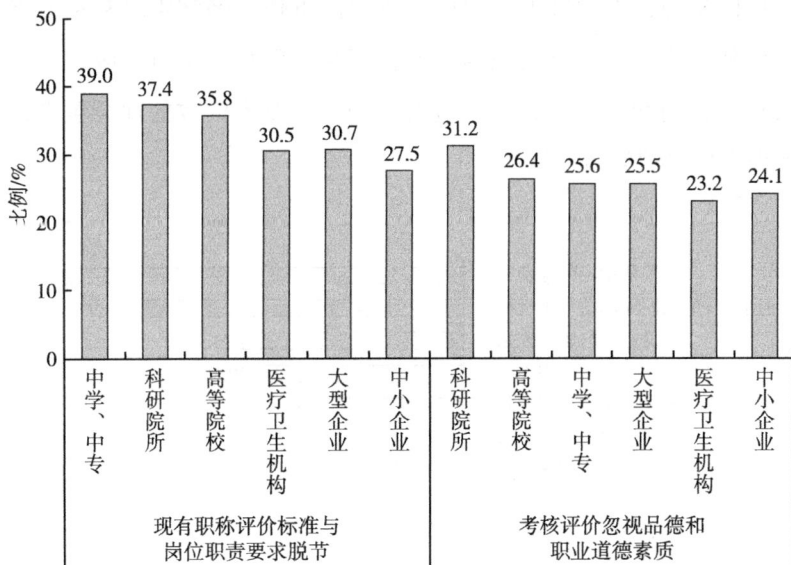

图 3-23 不同机构类型科技工作者反映人才评价标准与岗位不适应、忽视职业道德问题的比例

7. 经济收入和更好的创新软、硬件环境是激发人才创新活力的主要因素

构建与社会主义市场经济体制相适应、有利于科学发展的人才发展体制机制，最大限度地激发人才创造活力，是《规划纲要》提出的我国人才发展指导

方针之一。在这一方针的指导下，人才管理体制机制改革充分认识人才发展规律，着力改革收入分配制度、破除科技成果转化体制机制障碍、营造鼓励创新和宽容失败的社会氛围，以更好激发人才的创新活力。

在本次调查中，经济收入仍是科技工作者认为激发人才创新活力最主要的因素，创新软、硬件环境的激励作用更加凸显。如图 3-24 所示，在科技工作者中，认为长期稳定的经费支持（57.1%）、与创造价值相匹配的绩效工资制度（49.4%）、成果转化中分享的收益（17.8%）和股权、期权等中长期激励（8.4%）等经济收入性因素，在激发创新活力主要因素的人员占比中相对较高；此外，有较多科技工作者认为，良好的科研设施条件（31.5%）、宽容失败的创新氛围（16.1%）和完善的知识产权保护（9.1%）更能激发其创新活力；认为政府科技奖励和相关荣誉表彰（8.9%）、同行认可（7.0%）和行政职务晋升（6.5%）能够激发创新活力的人员占比则相对较少。可以认为，人才管理体制机制改革注重依靠经济手段和利益因素激发人才创新活力，仍具有较强的现实依据和必要性。同时，应进一步优化布局大科学计划和工程，大力营造鼓励创新、宽容失败的社会氛围，为人才发展提供更好的创新环境。

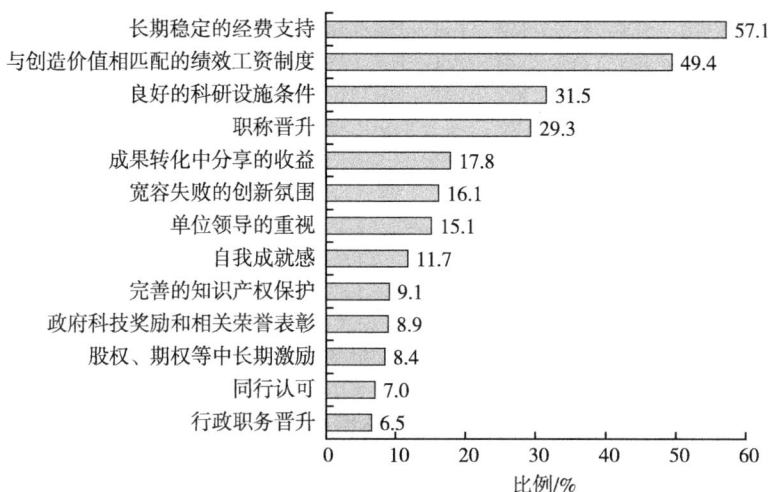

图 3-24　科技工作者认为能够激发其创新能力的因素占比

8. 缺乏培训和交流机会、职业上升通道单一仍是科技工作者在工作中面临的主要困难

缺少培训和交流机会、职业成长受限、事务性工作繁忙和缺少资金及人力支持一直是科技人才工作中面临的主要问题和困难。首先，在本次调查中，41.8%的科技工作者表示其工作中的主要困难是缺乏培训和进修机会，25.2%的科技工作者表示是缺乏参加学术交流的机会。二者比例相对较高，可见科技工作者缺乏培训和交流机会的问题仍相对突出。其次，科技工作者的成长受限问题也较明显。35.7%的科技工作者表示其工作的主要困难是职业上升通道单一，22.7%的科技工作者表示是缺少牵头承担课题任务的机会，21.3%的科技工作者反映青年人才得不到重视。最后，缺乏长期稳定的经费支持（32.1%）、疲于应付各类项目申请和评审（26.7%）也是科技工作者反映的主要困难（图3-25）。

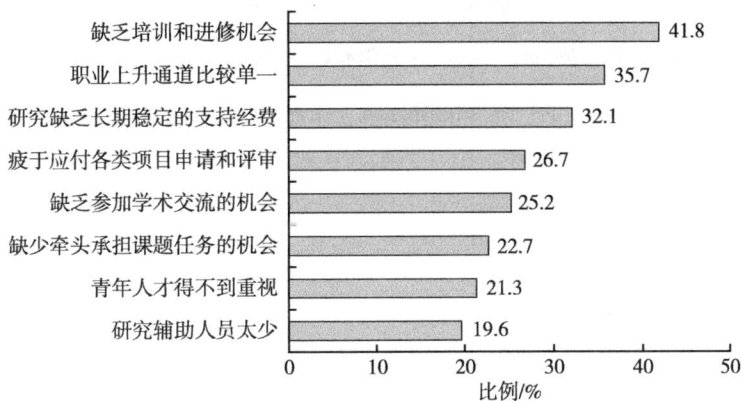

图3-25　科技工作者反映工作中的主要困难

对于青年科技工作者而言，缺少培训和交流机会、职业成长受限问题更为突出。如图3-26所示，在30岁以下的科技工作者中，分别有47.0%和29.7%的人员表示工作中缺乏培训进修机会和缺乏参加学术交流的机会，较科技工作者整体水平分别高5.2个百分点和4.5个百分点。另外，26.7%的30岁以下青年科技工作者认为青年人才得不到重视，该比例较科技工作者整体水平高5.4个百分点。

可以认为，继续加强人才的知识更新继续教育，开展多种形式的学术交流和产学研合作交流，给予高层次人才和高水平团队长期稳定的经费支持和辅助人员支持，重视青年人才的成长和培养，是解决人才工作面临的重点。

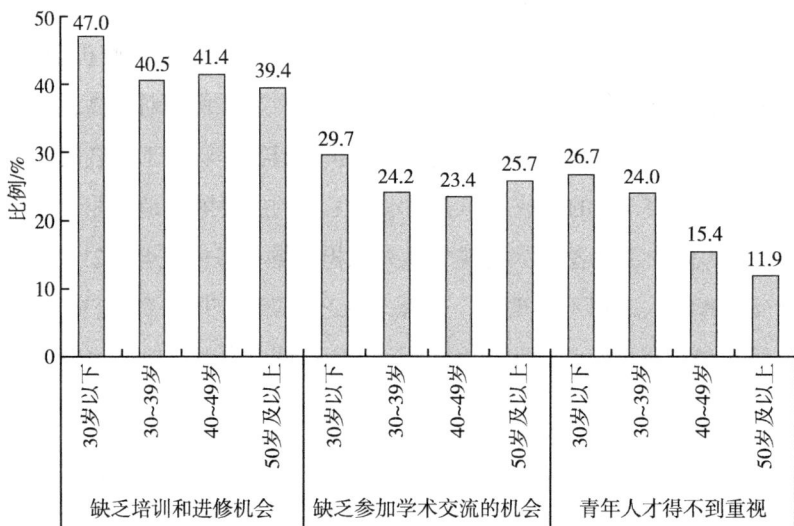

图 3-26　不同年龄段科技工作者反映工作中的主要困难

第四章 科技工作者时间利用状况调查 ①

本研究的首要目标就是利用先进的时间利用（或时间分配）调查方法，了解我国科技工作者在工作、学习、生活等各个方面的时间利用情况，分析影响科技工作者时间利用效率的因素，提出减少对科技工作者时间的无效挤占，提高科技工作者时间利用效率的对策建议。此外，通过与2007年及2011年开展的"科技工作者时间利用状况调查"结果相对比，分析十八大以来各项科技政策的实施，是否改善了科技工作者特别是科研人员的工作环境，保障了科研人员的科研时间；通过对科技工作者工作时间更进一步的细化分析，探索影响科技工作者科技／创新产出的时间利用模式。此次调查依托全国516个科技工作者状况调查站点进行，共完成有效问卷14963份。

一、调查数据说明

此次调查于2020年7月实施，最终回收有效问卷14963份，有效回收率达96.3%。从单位类型看，高等院校占23%，科研院所占19.9%，企业占26.4%，医疗卫生机构占14.1%，其他机构占16.6%。按工作内容看，41%的受访者工作内容中有科研研发工作（可被界定为比较宽泛的"科研人员"），20.6%的受访者最主要工作是科研研发工作（可被界定为相对狭窄的"科研人员"）。从性别看，男女各占一半（50%）。从年龄看，平均年龄为37.8岁，35岁以下超过五成（51.3%）。从地域分布看，东部占47%，中部占16.9%，西部占25.5%。从

---

① 本章主要执笔人：李睿婕、张娟娟、石长慧。

职称看，正高级职称占 6.4%，副高级职称占 21.5%，中级职称占 34.8%，初级职称及以下占 37.4%。从学历看，博士占 12.8%，硕士占 23.5%，本科占 47.7%。

二、科技工作者时间分配的总体情况

（一）工作时间长度

1. 科技工作者工作时间持续增长、加班多

（1）工作日平均每天工作 8.7 小时，比 2011 年延长了 0.5 小时

调查发现，我国科技工作者在工作日的日平均工作时间为 8.7 小时，高于 8 小时的法定工作时间。而根据国家统计局《2018 年全国时间利用调查公报》，我国就业人口中进城务工人员的实际工作时间最长，也仅为 7.8 小时。因此，平均而言，我国科技工作者在工作日的日平均工作时间高于法定工作时间，更高于全国在业居民工作日的日平均工作时间。与 2011 年"科技工作者时间利用状况调查"数据相比，我国科技工作者工作日的日平均工作时间增长了 27 分钟。

（2）医疗卫生机构的科技工作者工作时间最长，且工作时长增长明显

图 4-1 数据显示，来自不同类型工作单位的科技工作者在工作日的日平均工作时间存在一定差异。医疗卫生机构的科技工作者的工作时间最长，达 9 小

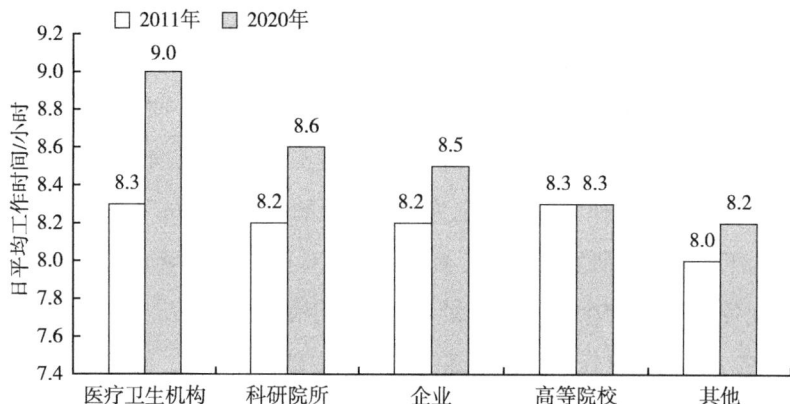

图 4-1　2011/2020 年不同单位类型的科技工作者在工作日每天的工作时间

时,科研院所和企业科技工作者次之。上述工作单位的科技工作者在工作日的日平均工作时间均不低于科技工作者总体的日平均工作时间。

与 2011 年相比,除高等院校以外单位的科技工作者工作日平均工作时长都有增加。其中,医疗卫生机构科技工作者的工作时间增长最明显,增加了 0.7 小时,其次为科研院所,增加了 0.4 小时。

从工作内容看,主要业务是临床诊断治疗的医疗卫生机构科技工作者日工作时间最长,平均达 9.7 小时,其次是从事设计和科研研发、产品工艺开发或设计的科技工作者,工作时间均达 9 小时。从事工程施工与技术应用和药剂 / 检验等医务工作的科技工作者工作时间达 8.9 小时。接下来依次是从事技术推广服务、科普、成果产业化和研究辅助 / 技术辅助的科技工作者,以及从事教学的科技工作者,分别为 8.8 小时、8.8 小时和 8.6 小时。主要从事观测、探测、检测等科技基础性工作的基层科技工作者平均工作时间相对较短,但也超过 8 小时,如图 4-2 所示。

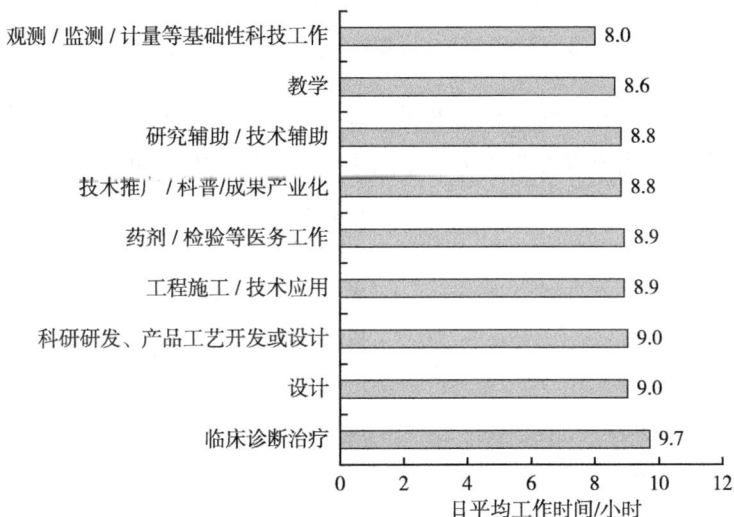

图 4-2　不同工作类型的科学技术人员工作时间分布情况

2. 科技工作者加班多,且需加班的科技工作者比例在增加

加班是造成科技工作者工作时间较长的重要原因。数据显示,54% 的科技工作者在工作日需要加班(工作时间超过 8 小时)。其中,加班时间在 1 小时

及以内的占 19.7%，加班时间在 1 ～ 2 小时之间的占 16.3%，加班时间在 2 ～ 3 小时之间的占 7%，10.8% 的科技工作者加班时间超过 3 小时。

与 2011 年相比，在工作日需要加班的科技工作者增加了 9%。其中，加班 1 小时以内的科技工作者增长最多，增加了 4.2 个百分点，其次为加班超过 3 小时的科技工作者，增长了 2.1 个百分点，如图 4-3 所示。

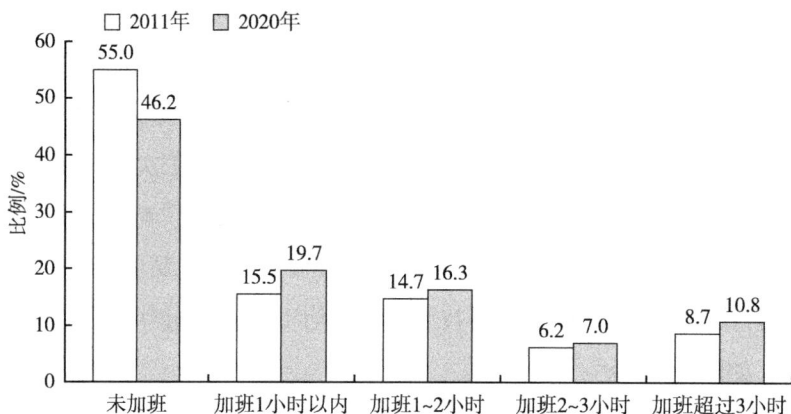

图 4-3　2011 年 /2020 年科技工作者工作日加班情况

与此同时，科技工作者在周末和节假日加班工作的现象也非常普遍，超过五成的科技工作者在接受调查的上个周末处于工作状态。如图 4-4 所示，35%

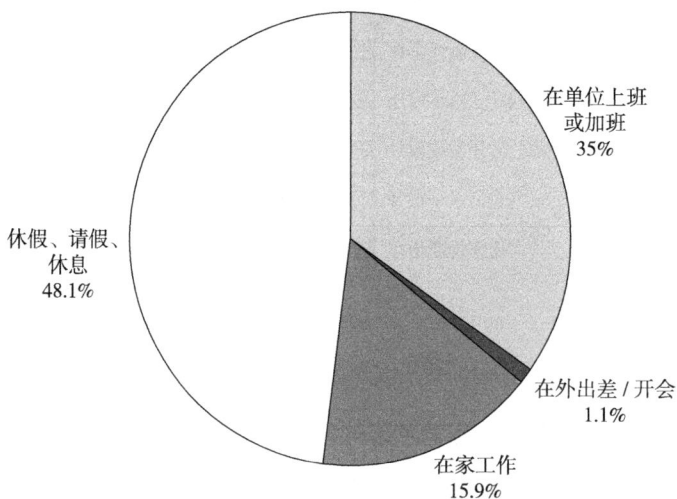

图 4-4　科技工作者周末的工作状态

的科技工作者周末在单位上班或加班，15.9% 在家工作，1.1% 在外出差或开会，有 48.1% 的科技工作者真正休息。有 9.9% 的科技工作者几乎天天加班或者把工作带回家做，28.1% 经常加班，53.9% 偶尔加班，只有 8.1% 被调查者表示从不加班。

3. 不同层次科技工作者的工作时间状况

（1）不同学历

图 4-5 数据显示，不同学历层次的科技工作者在工作时间上存在较大差异。具有研究生学历的科技工作者的工作时间明显高于本科及本科以下学历的科技工作者。拥有博士学位的科技工作者工作时间最长，工作日每天的工作时间为 9 小时，高出科技工作者群体 8.8 小时的平均水平。与之相反，本科及本科以下学历水平的科技工作者，在工作日的日平均工作时间则低于科技工作者群体 8.8 小时的平均水平。

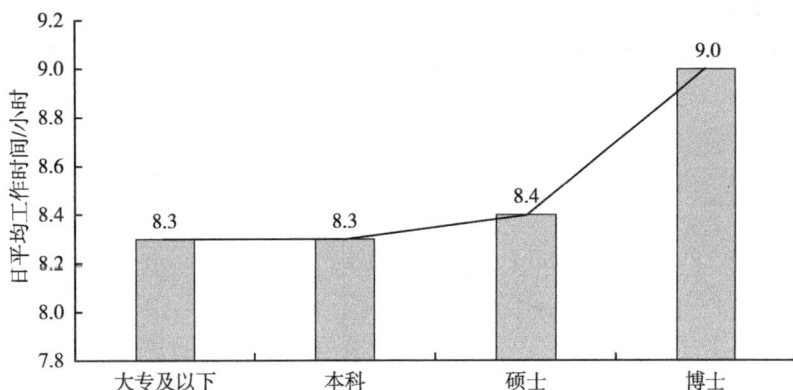

图 4-5　不同学历层次的科技工作者工作日每天的工作时间

（2）不同职称

职称是科技工作者工作能力的重要体现，高职称者更可能需要从事更多的科技工作，需要更长的工作时间。图 4-6 数据显示，在具有不同级别职称的科技工作者之间，工作时间存在明显的差异，中级以下职称的科技工作者工作时长为 8.4 小时，具有正高级职称的科技工作者工作时间最长，为 9.1 小时。

（3）导师资格

具有博士 / 硕士生导师资格的科技工作者既是我国科技工作者队伍中的中

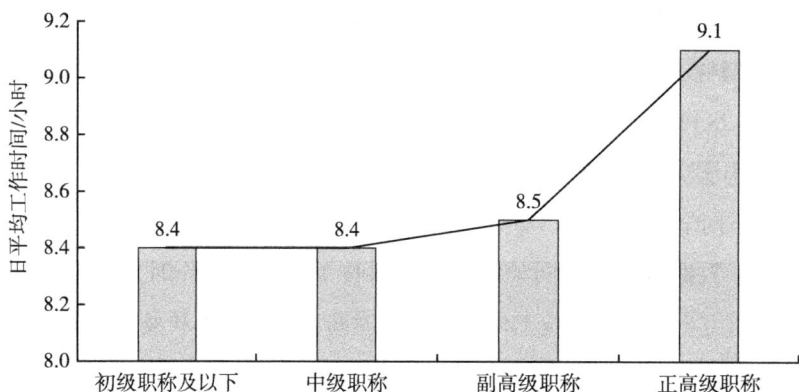

图 4-6　不同职称科技工作者工作日平均工作时间

坚力量，也是培养下一代科技工作者的关键群体。这样的"双重角色"大大延长了他们的工作时间。图4-7数据显示，博士生导师工作日的工作时间高达9.7小时，硕士生导师的工作时间也达到了9.2小时。

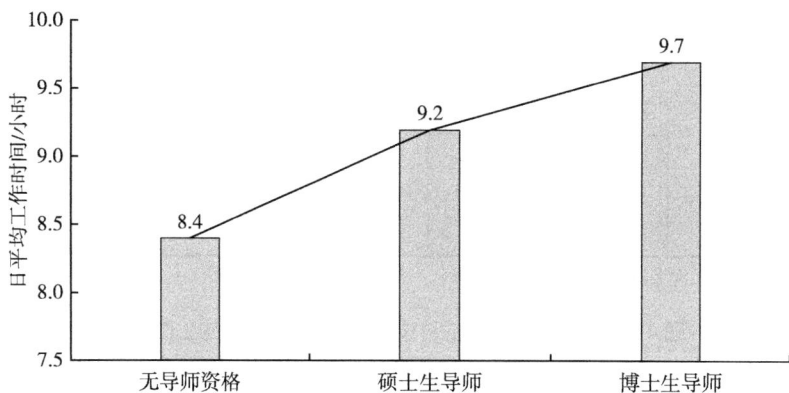

图 4-7　不同导师资格科技工作者工作日平均工作时间

（二）工作时间结构

1. 工作时间结构的总体情况

合理的时间结构，对于优化科技工作者的工作时间分配，提高科技工作者的工作业绩都有非常重要的作用。调查发现，科技工作者在科研／研发／工程设计上的时间投入最多，将超过总工作时间三分之一的时间投入其中。科技工作者在科研/研发/工程设计、教学及学生管理工作和其他工作学习活动上投入了超过50%的工作时间，三者所占时间比例分别为33.9%、9.8%和7%。单位行政事务和党团学习也占去科技工作者17%的工作时间，如图4-8所示。

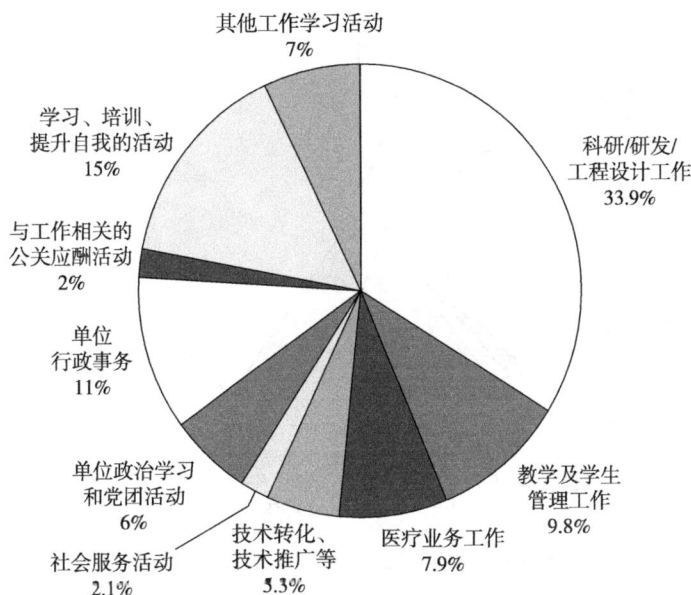

图4-8 科技工作者工作日工作时间分配情况

2. 不同单位类型科技工作者的工作时间结构

不同类型单位中的科技工作者的工作时间结构存在较大差异。分析发现，因疫情时期特殊管理，高等院校的科技工作者在教学方面的时间投入占比很低，仅占总工作时间的两成。科研院所和企业的科技工作者在科研/研发/工程设计工作上的时间投入比最高，分别占到各自总工作时间的53.5%和35.1%。医疗卫生机构科技工作者，有超过一半的工作时间投入到医疗业务当中。

（1）高等院校科技工作者的工作时间结构

高等院校科技工作者的主要任务是教学和科研。本次调查显示，高等院校中的科技工作者工作日在科研/研发/工程设计工作上所投入的时间达40.3%；

可能由于疫情的影响，学校大多实施线上教学，因而教学及学生管理仅占据高等院校科技工作者总工作时间的两成左右，为20.3%；其次是学习、培训、提升自我的活动和单位行政事务，分别为13.3%、9.3%，如图4-9所示。

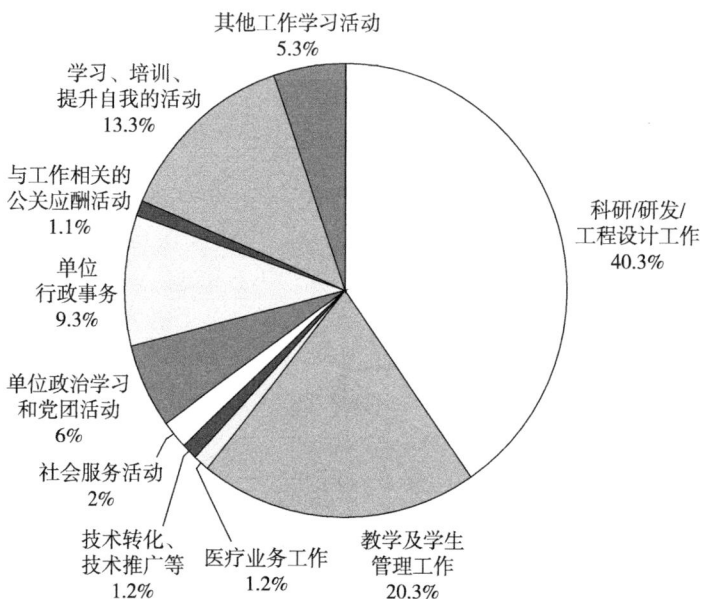

图4-9　高等院校科技工作者工作日工作时间分配情况

（2）科研院所科技工作者的工作时间结构

如图4-10所示，科研院所的科技工作者，将绝大多数的时间用于科研/研发/工程设计工作之中，为53.5%；单位行政事务和学习、培训、提升自我的活动也占了12.1%和11%的时间；其他工作的时间投入则都较少。与2011年相比，科研院所科技工作者工作时间结构中，单位行政事务所占比例增长较明显，增加了4.4个百分点，学习、培训、提升自我的活动所占的时间比例则下降了1.6个百分点。

（3）医疗卫生机构科技工作者的工作时间结构

如图4-11所示，医疗卫生机构中的科技工作者将超过半数的时间用于医疗业务工作中，为52%；科研时间占13.3%。另外，他们也较注重学习培训、

其他工作学习活动
6%

学习、培训、
提升自我的活动
11%

与工作相关的
公关应酬活动
2%

单位
行政事务
12.1%

单位政治学习
和党团活动
5.4%

社会服务活动
1.2%

技术转化、技术推广等
5.5%

医疗业务工作
1%

教学及学生管理工作
2.3%

科研/研发/
工程设计工作
53.5%

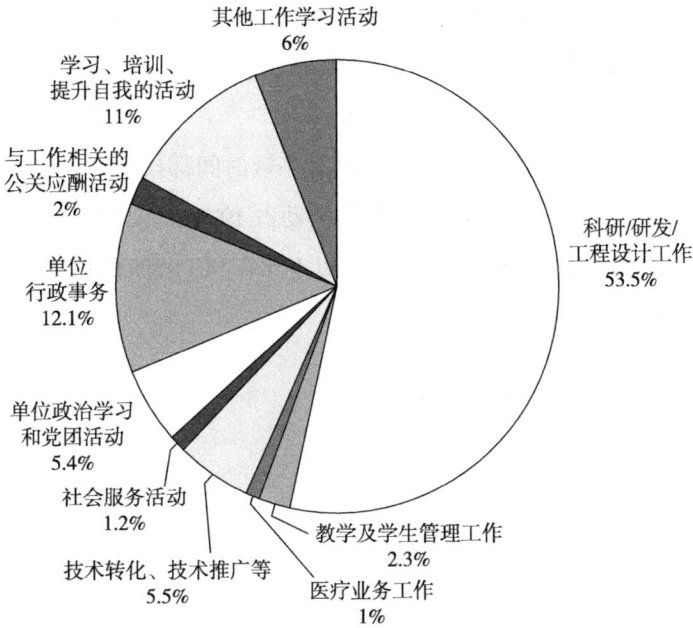

图 4-10　科研院所科技工作者工作日工作时间分配情况

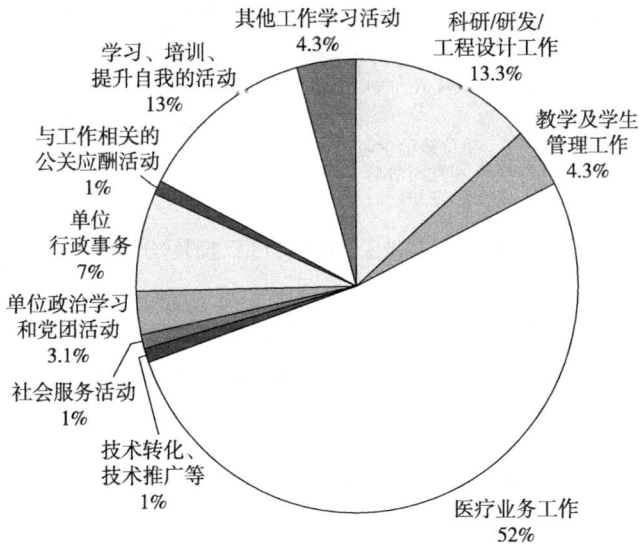

其他工作学习活动
4.3%

学习、培训、
提升自我的活动
13%

与工作相关的
公关应酬活动
1%

单位
行政事务
7%

单位政治学习
和党团活动
3.1%

社会服务活动
1%

技术转化、
技术推广等
1%

医疗业务工作
52%

科研/研发/
工程设计工作
13.3%

教学及学生
管理工作
4.3%

图 4-11　医疗卫生机构科技工作者工作日工作时间分配情况

自我提升，占 13%。而与工作相关的公关应酬活动，技术转化、推广等，社会服务活动的时间投入比例最少，都仅为 1%。

（4）企业科技工作者的工作时间结构

企业中的科技工作者，将 35.1% 的绝大多数时间都投入到科研 / 研发 / 工程设计工作中；学习、培训、提升自我的活动占 19.3%，位居第二；另外，单位行政事务和技术转化、技术推广等分别以 11.8% 和 11.5% 的比例处于相对重要的位置，如图 4-12 所示。

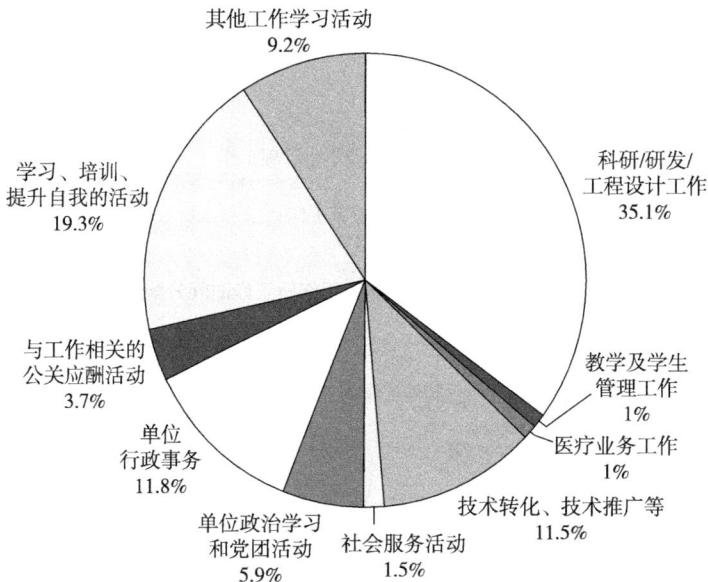

图 4-12　企业科技工作者工作日工作时间分配情况

（5）其他机构科技工作者的工作时间结构

除以上的其他类型单位中的科技工作者，时间投入相对较为平均。对教学及学生管理工作占用最多的时间比例，为 21.9%；其他工作学习活动和学习、培训、提升自我的活动，以及单位行政事务与科研工作也都超过了 10% 的工作时间比例，如图 4-13 所示。

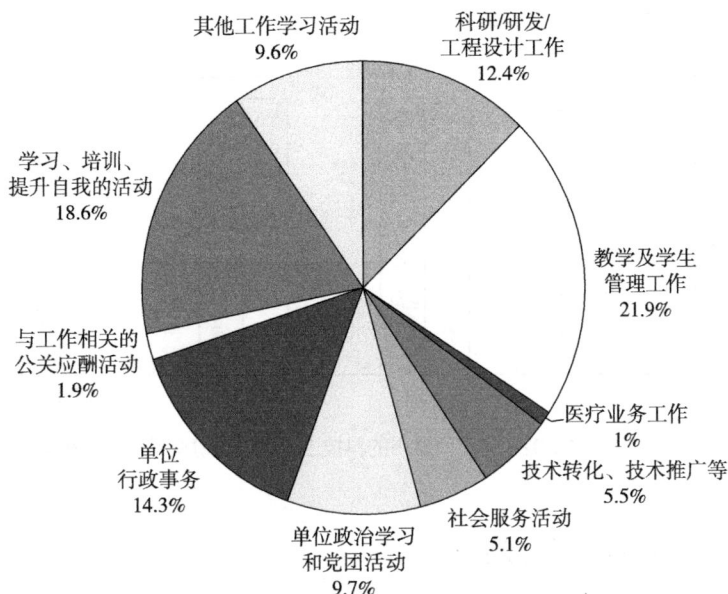

图4-13　其他机构科技工作者工作日工作时间分配情况

（三）交通工勤时间

从某种意义上说，交通工勤时间是一种社会资源浪费。过长的交通工勤时间会对人们正常的生活和工作造成一定的负面影响。调查显示，科技工作者在工作日用于上下班交通（往返）的平均时间为1.3小时。北京、上海、天津等大城市的科技工作者上下班交通时间要高于全国平均水平，其中北京最长，达1.5小时；上海为1.4小时，天津为1.3小时。但是，这些大城市恰恰是科技工作者最为集中的地区，因此，交通工勤时间对于我国科技工作者的影响是比较大的。

如图4-14所示，与2011年相比，我国科技工作者在工作日用于上下班交通（往返）的平均时间增加了0.3小时。北京、上海、天津的科技工作者在工作日用于上下班交通（往返）的平均时间各增加了0.1小时。

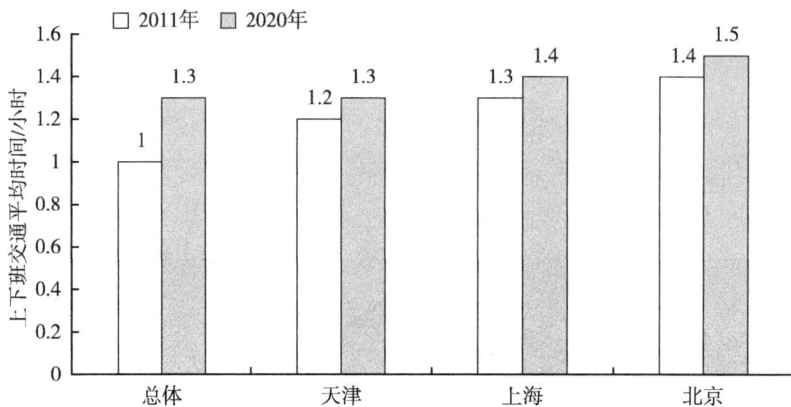

图 4-14　2011/2020 年不同城市的科技工作者上下班交通用时分布情况

（四）学习培训时间

学习和培训是保持和提高科技工作者工作能力的重要方式。本次调查中，我们对科技工作者的学习和培训时间状况进行了调查。总体来说，科技工作者群体在学习和培训上的时间投入高于其他群体全国平均水平。而且，科技工作者的工作内容、年龄和职称状况都会影响其在学习和培训上的时间投入。

1.科技工作者学习培训时间增加，且高于全国居民平均水平

作为知识的生产者与学习型社会的主要引导者，科技工作者有更长的学习培训时间。本次调查的数据显示，科技工作者每天用于学习培训的时间约为0.7 小时，高于《2018 年全国时间利用调查公报》显示的全国居民的平均水平（0.5 小时），比 2011 年多 5 分钟。

2.不同年龄科技工作者的学习培训时间

从不同年龄组科技工作者的情况来看，青年科技工作者的学习培训时间相对较多。35 岁以下的青年科技工作者学习培训时间增加最多，每天平均约有0.7 小时的学习培训时间，与 2011 年持平。

3.不同职称层次科技工作者的学习培训时间

科技工作者的职称状况也会影响其在学习和培训上的时间投入。2011 年的数据显示，不同职称的科技工作者在学习培训上的投入时间有较大差别。职称越高者，在学习和培训上的时间投入越少，正高级职称的科技工作者比初级及以下职称科技工作者每天投入在学习和培训上的时间少 0.4 小时。但本次调查结果显示，副高级及以上职称的科技工作者、担任中高层管理职务的科技工作者每天的学习培训时间均在 0.6 小时，中高级职称层次科技工作者培训时间较 2011 年有所增加。

（五）睡眠时间

1. 睡眠时间总体情况

本次调查显示，我国科技工作者每天的平均睡眠时间为 7.9 小时（包括夜间睡觉和白天午休等所有睡眠时间），比全国在业居民的平均水平低了约 1.4 小时（《2018 年全国时间利用调查公报》所列全国就业人口的平均水平为 9.3 小时 [1]），但比 2011 年增加了 0.3 个小时。

科技工作者普遍熬夜，上床睡觉时间偏晚。67% 的科技工作者在 23 点以后上床睡觉，仅有 7.3% 在 22 点以前睡觉，如图 4–15 所示。

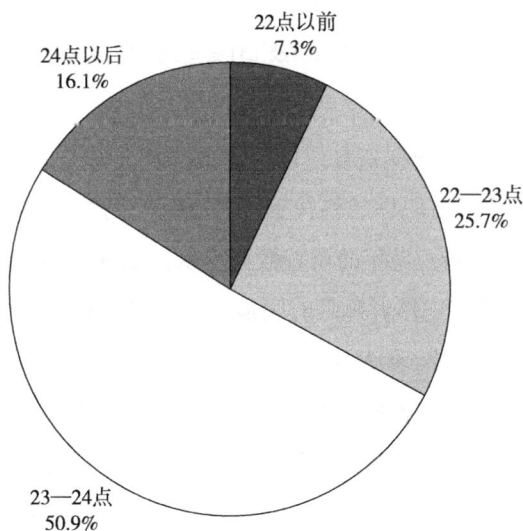

24点以后 16.1%

22点以前 7.3%

22—23点 25.7%

23—24点 50.9%

图 4-15　我国科技工作者每天夜间上床睡觉时间点分布情况

---

[1]　这里的睡眠休息时间已经排除用餐时间，个人卫生时间等，因此大致可以视为睡眠时间。

调查发现，学历、职称和学术水平高的科技工作者上床睡觉的时间更晚。从学历来看，学历越高者，睡眠时间越少。博士学历的科技工作者每天的睡眠时间最少，为7.4小时。与2011年相比，博士学历科技工作者每天的睡眠时间没有变化，但其他学历的科技工作者睡眠时长都有所增加。学历越低，睡眠时间增加越多。大专及以下学历者每天的睡眠时间增加了1小时，达8.8小时，本科和硕士学历科技工作者分别增加了0.3小时和0.2小时，如图4-16所示。

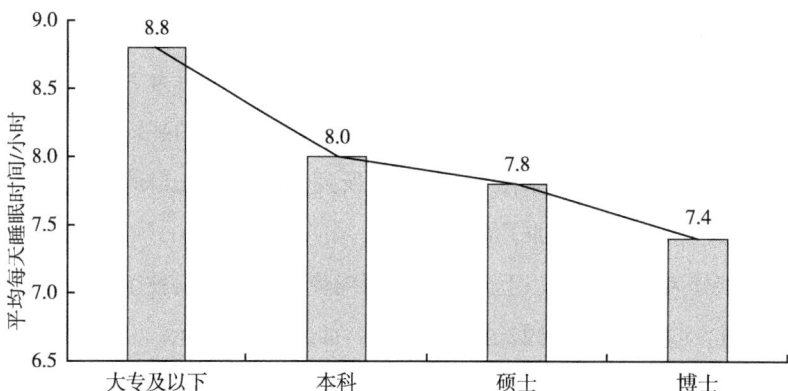

图4-16　不同学历科技工作者每天平均睡眠时间

如图4-17所示，从职称来看，具有中级职称的科技工作者睡眠时间最少，为7.8小时；初级及以下职称的科技工作者睡眠时间最多，为8.1小时。这和2011年的情况有所不同，当年的调查数据显示，职称越高者，睡眠时间越少，具有正高级职称的科技工作者睡眠时间最少，只有7.3小时，与睡眠时间最长的无职称者相差0.6小时。但从今年的调查数据来看，不同职称科技工作者之间睡眠时间差距在缩短，各职称类型的科技工作者睡眠时间都比2011年长，其中正高级职称的科技工作者睡眠时间增加最多，达0.6小时。

如图4-18所示，在各类型的科技工作者中，以从事临床诊断治疗的医生平均睡眠时间最短，为6.7小时，比2011年减少了0.8小时。从事科研/研发/新产品、工艺开发，工程设计、教学、研究辅助/技术辅助以及科技管理的科技工作者的平均睡眠时间都为7.1小时，比2011年减少了0.6小时。在所有科

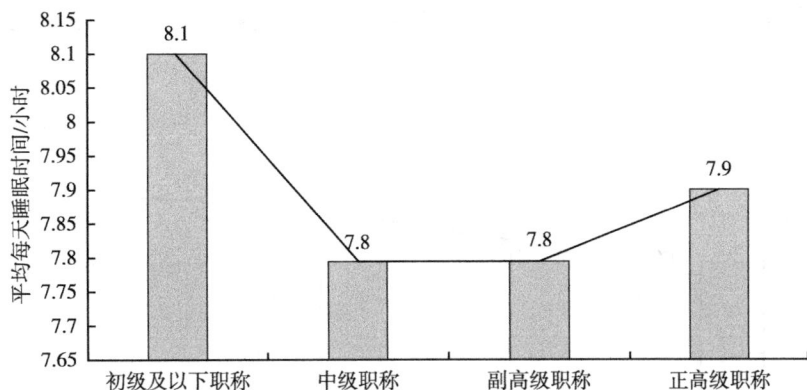

图 4-17　不同职称科技工作者每天平均睡眠时间

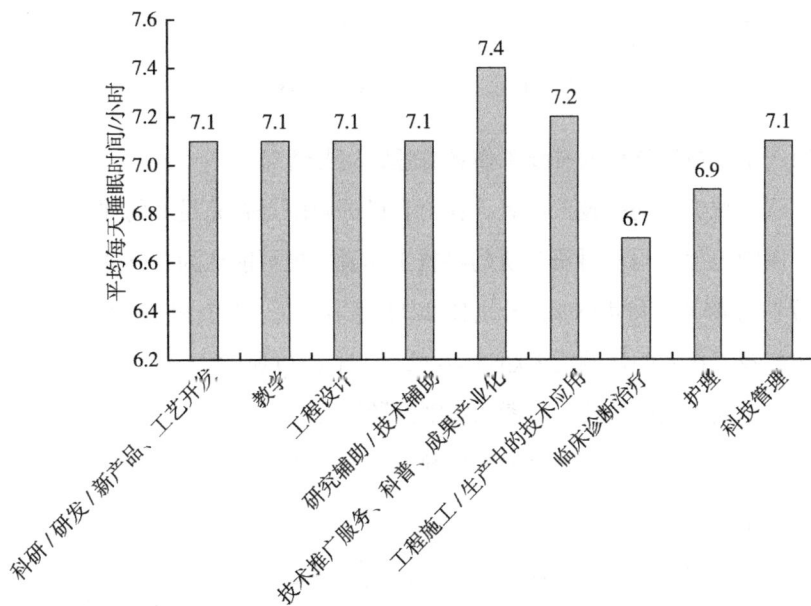

图 4-18　不同职业类型的科技工作者每天平均睡眠时间

技工作者中，以从事技术推广服务、科普、成果产业化工作的科技工作者平均睡眠时间最长，为 7.4 小时，但也比 2011 年减少了 0.5 小时。

2. 睡眠问题总体情况

本次调查发现，睡眠不足成为科技工作者的普遍感受。39.4% 的科技工作者认为自身睡眠不足。分析还发现，学历层次越高者，越可能认为自己的睡眠时间不足——这一发现同前文中发现的学历层次越高者，睡眠时间越少是一致的，如图 4-19 所示。

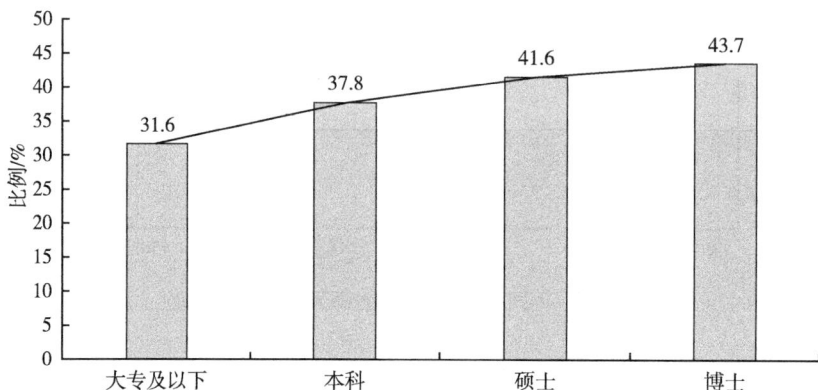

图 4-19　不同学历层次科技工作者自认为睡眠不足的比例

（1）不同单位类型的科技工作者的睡眠问题情况

不同单位类型的科技工作者，在对自己的睡眠是否充足上的评价存在一定差异。医疗卫生机构和科研院所的科技工作者，更可能认为自己的睡眠时间不足，分别为 45.4% 和 40.8%，分别比 2011 年增长了 3.1 个和 3.4 个百分点，其他单位科技工作者的比例均未超过 40%，如图 4-20 所示。

（2）不同层次的科技工作者的睡眠问题情况

数据显示，中级及副高级职称的科技工作者更可能认为自己的睡眠时间不

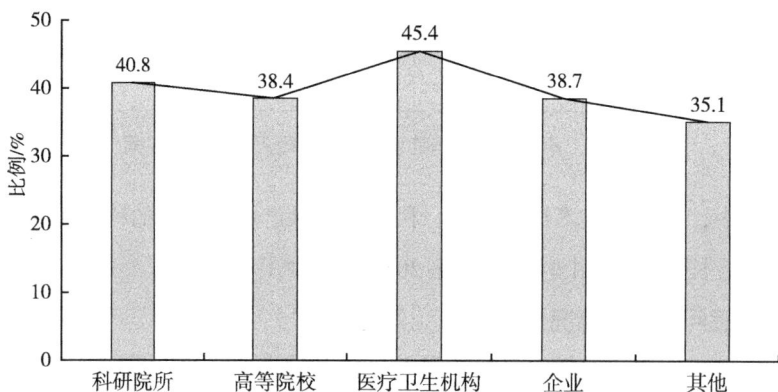

图 4-20　不同单位类型科技工作者自认为睡眠不足的比例

足，分别为 41.3% 和 41%，初级及以下职称和正高级职称为 36.8% 和 37.8%。这与 2011 年的情况有所差异，当年的数据显示，职称层次越高者，越可能认为自己的睡眠时间不足，正高级职称的科技工作者睡眠不足的比例为 42.3%，这一数据在 2020 年则降到了 37.8%，中级职称的科技工作者睡眠不足的比例在 2020 年则提高了 2.5 个百分点，达 41.3%，如图 4-21 所示。

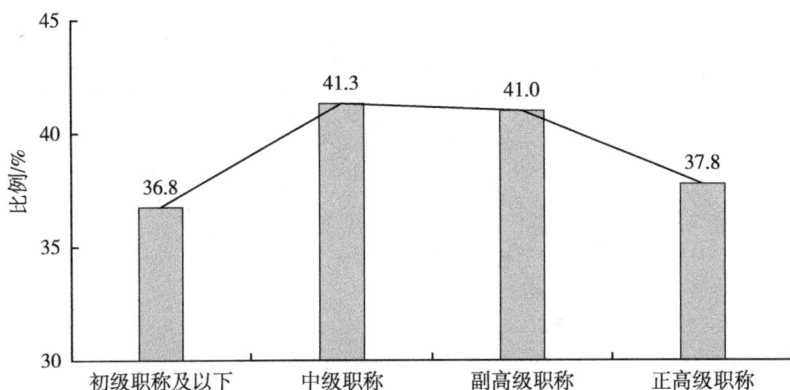

图 4-21　不同职称科技工作者睡眠不足比例

从工作类型来看，以从事工程施工 / 生产中的技术应用工作的科技工作者睡眠不足的比例最高，达 52.4%；其次是从事临床诊断治疗的医生，比例为 50%。从事工程设计的科技工作者睡眠不足的问题最小，认为睡眠不足的比例只有 36.1%，如图 4-22 所示。

3. 工作时间越长的科技工作者，睡眠不足的比例越高

总体而言，科技工作者的工作时间与睡眠时间成反比，工作时间越长，睡眠时间越少。每天平均工作时间在 8 小时及以内的科技工作者，每天平均睡眠时间为 7.4 小时；而工作时间在 10 小时及以上的科技工作者，每天睡眠时间只有 7.1 小时。工作时间在 10 小时及以上的科技工作者中，认为自身睡眠严重不足的比例达 14.6%，认为有点不足的比例也有 50.4%。这表明，工作繁忙的科技工作者常常不得不以牺牲自身睡眠时间为代价来保证完成工作。工作时间越长，牺牲睡眠时间的可能性越大。

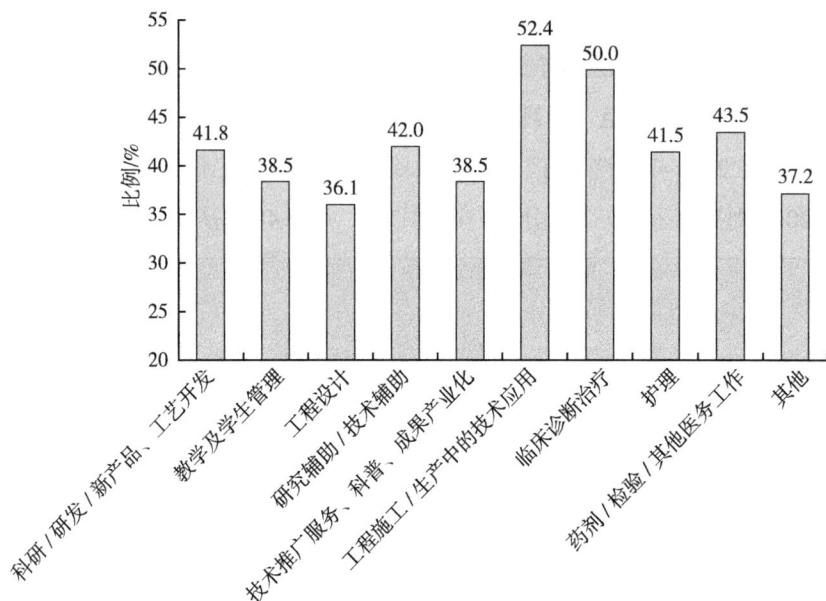

图 4-22　不同工作类型的科技工作者睡眠不足的分布情况

（六）休闲娱乐时间

1. 总体情况

本次调查显示，我国科技工作者每天用于休闲娱乐的时间为 2.3 小时，低于全国平均水平，但高于 2011 年的 1.9 小时。根据国家统计局发布的数据，我国在业居民平均每天的休闲娱乐时间为 3.6 小时，科技工作者每天用于休闲娱乐的平均时间仅相当于全国在业居民的 63.9%。

如图 4-23 所示，与 2011 年相比，所有单位类型科技工作者的休闲娱乐时间都有所增加。其中高等院校科技工作者休闲娱乐时间增加幅度最大，达 57%，增加了 0.8 小时；科研院所增加幅度最小，为 10.5%，增加 0.2 小时。从单位类型来看，其他科技机构的科技工作者的休闲娱乐时间最多，平均每天有 2.7 小时；其次为企业、高等院校和医疗卫生机构；从事科研院所的科技工作者休闲时间最少，每天有 2.1 小时。

数据显示，学历层次越高的科技工作者，休闲娱乐时间越少。博士学历的

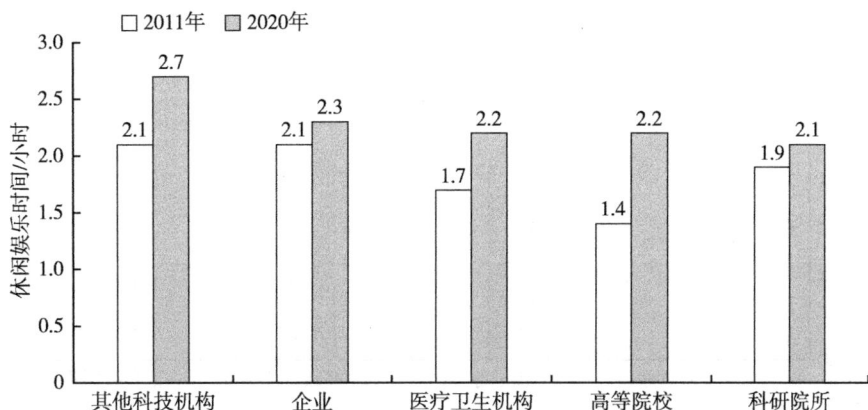

图 4-23 2011/2020 年不同工作单位休闲娱乐时间分布情况

科技工作者用于休闲娱乐的时间最少，每天仅有 2 小时；硕士学历的科技工作者每天休闲娱乐时间为 2.2 小时；本科为 2.3 小时；而大专及以下者最多，为 3 小时，如图 4-24 所示。

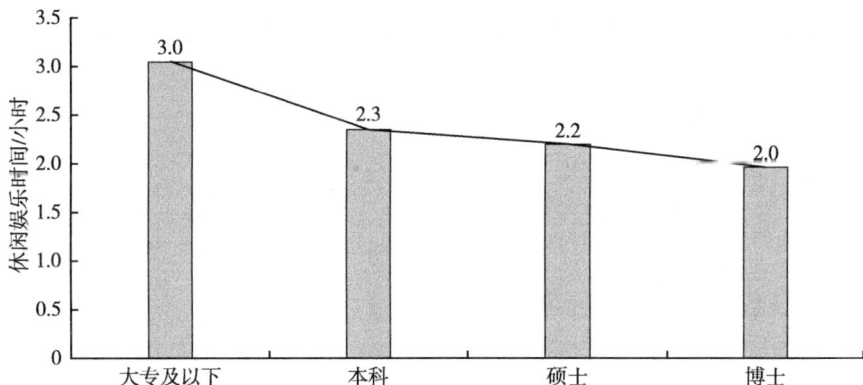

图 4-24 不同学历层次科技工作者的休闲娱乐时间

从职称来看，职称与休闲娱乐时间呈"U 形"关系，正高级职称和初级及以下职称的科技工作者平均休闲娱乐时间较多，分别为 2.2 小时和 2.6 小时；副高级和中级职称的科技工作者较少，均为 2.1 小时。这与 2011 年科技工作者职称的高低与休闲娱乐时间的多少成反比的情况有所不同，如图 4-25 所示。

从工作内容来看，以从事药剂 / 检验 / 其他医务工作的科技工作者每天的

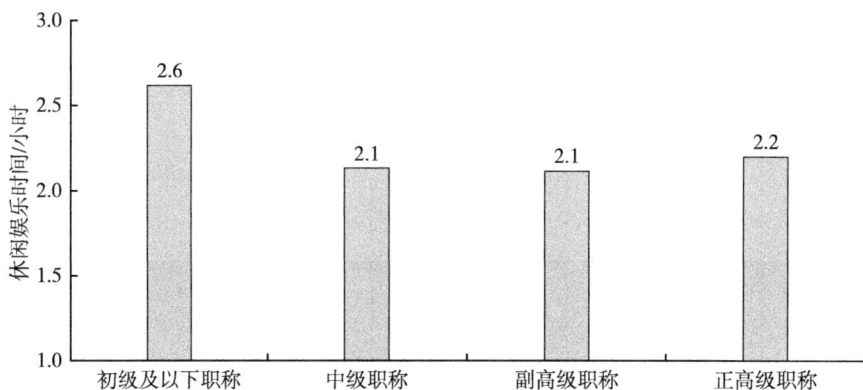

图 4-25　不同职称层次科技工作者的休闲娱乐

休闲娱乐时间最少，平均在 2 小时左右；而技术推广服务、科普、成果产业化方面的科技工作者每天休闲娱乐时间最多，达 2.6 小时，其他职业的科技工作者每天的休闲娱乐时间集中在 2.2 小时左右，如图 4-26 所示。

2. 休闲娱乐内容

调查发现，科技工作者的休闲娱乐的方式比较单调，且带有缺少与社会

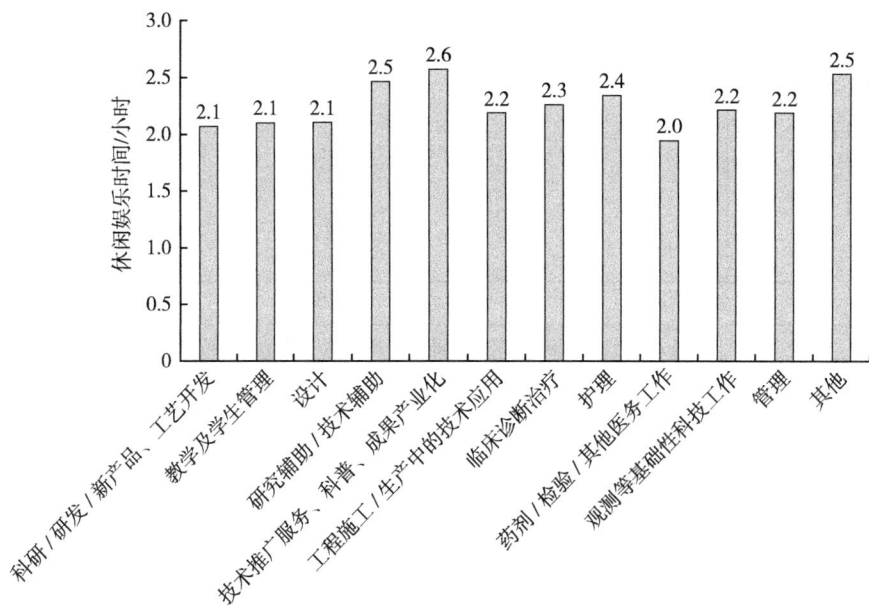

图 4-26　不同工作内容的科技工作者的娱乐休闲时间

和他人交往机会的共同点。数据显示，虽然科技工作者的休闲娱乐内容十分丰富，但其存在明显的内容倾向偏好。如图 4-27 所示，有休闲娱乐的科技工作者中，在家看电视、影碟的科技工作者比例最多，达 45.4%；玩电脑 / 网上娱乐消遣的比例为 38.2%；消遣性阅读的比例为 29.9%。其他类型的娱乐活动，如聚会、逛街、旅游、去影院等的比例都极少。值得注意的是，选择没有娱乐休闲的人数比例达 38%，比 2011 年增加了 19 个百分点。

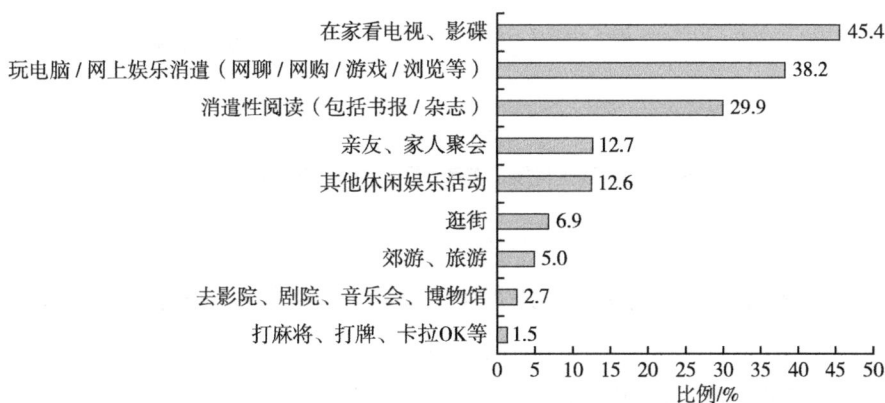

图 4-27　科技工作者休闲娱乐的内容分布

（七）体育锻炼时间

1. 总体情况

平均而言，被调查者每天参加体育锻炼的时间为 36 分钟，较 2011 年增加了 24 分钟，略高于《2018 年全国时间利用调查公报》列示的全国居民 31 分钟的健身锻炼时间，但是低于城镇居民的 41 分钟。如图 4-28 所示，科技工作者总体上存在体育锻炼不足的情况，有 56.2% 的科技工作者在过去一周中没有参加过体育锻炼，比《2007 年中国城乡居民参加体育锻炼现状调查公报》中的全国"每周锻炼不足一次"的居民比例高出 24 个百分点；5.3% 的科技工作者进行了 1 次体育锻炼；10.7% 的科技工作者进行 2 次体育锻炼；10.5% 的科技

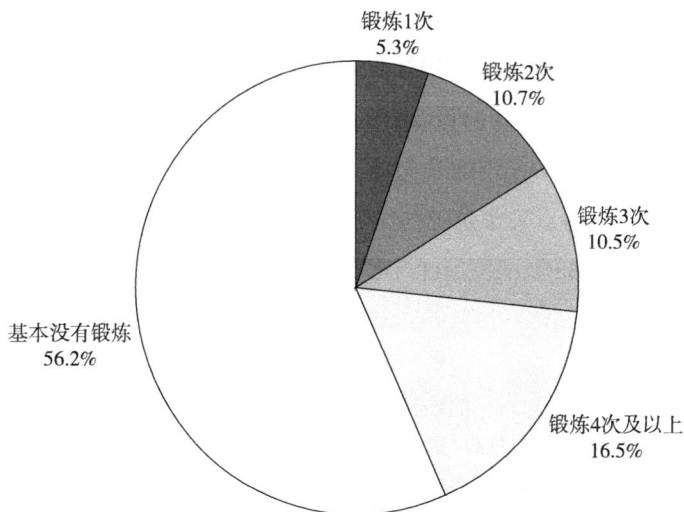

图 4-28　我国科技工作者上周参加体育锻炼的情况

工作者进行了 3 次体育锻炼；进行 4 次及以上体育锻炼的科技工作者共有 16.5%。

2."经常锻炼"人口比例

科技工作者体育锻炼频率低，时间短。《2007 年中国城乡居民参加体育锻炼现状调查公报》的数据显示，2007 年我国"经常锻炼"（每周参加体育锻炼频度 3 次及以上，每次持续时间 30 分钟及以上，每次运动强度达到中等及以上）的人数比例为 28.2%，而科技工作者的这一比例仅为 26%，低于全国平均水平，但比 2011 年上升了 5 个百分点。

3. 不同单位类型的科技工作者的体育锻炼时间情况

调查发现，科技工作者体育锻炼的情况不容乐观。医疗卫生机构的科技工作者体育锻炼时间最为缺乏，超过 60% 的科技工作者在过去一周之内没有进行过一次体育锻炼；在企业、高等院校的科技工作者中，过去一周内不参加体育锻炼的比例也分别达到 57.5% 和 56.6%；科研院所的科技工作者情况略好一些，不参加体育锻炼的比例为 51.9%。这说明，超过半数的科技工作者中过去一周内没有参加体育锻炼，如表 4-1 所示。

表 4-1　不同单位类型科技工作者体育锻炼次数（%）

	高等院校	科研院所	医疗卫生机构	企业	其他科技机构
0 次	56.6	51.9	61.1	57.5	55.9
1 次	5.9	4.7	0.7	5.3	3.7
2 次	11.1	11.5	10.4	0.1	9.8
3 次	9.4	12.4	9.5	9.9	10.6
4 次	3.8	6.1	3.1	3.8	4.0
5 次	7.2	6.4	4.2	7.0	7.7
6 次	1.8	2.1	1.1	1.5	2.2
6 次以上	3.3	4.1	2.3	3.5	5.9

4. 不同工作内容的科技工作者的体育锻炼情况

如表 4-2 所示，从工作内容来看，除了从事管理、工程施工 / 生产技术应用和护理 / 药剂 / 检验 / 其他医务工作的科技工作者勉强超过 50%，从事其他类型工作的科技工作者，在刚过去的一周内没有进行过一次体育锻炼。

表 4-2　不同工作内容的科技工作者体育锻炼次数情况

	教学	科研 / 研发 / 新产品、工艺开发	工程设计	研究辅助 / 技术辅助	技术推广服务、科普、成果产业化	工程施工 / 生产中的技术应用	临床诊断治疗	护理 / 药剂 / 检验 / 其他医务工作	观测 / 检测 / 计量等科技基础性工作	管理
0 次	52.1	51.2	57.8	62.3	51.2	49.5	56.2	50.0	58.5	47.7
1 次	7.7	3.7	1.8	5.1	2.9	10.1	8.1	14.0	7.5	9.3
2 次	11.5	13.4	10.1	11.6	8.2	10.1	12.4	2.0	7.5	14.0
3 次	12.0	11.0	8.3	7.2	11.1	10.1	10.3	12.0	13.2	9.3
4 次	4.0	6.8	7.3	2.9	6.3	5.5	2.2	12.0	3.8	10.5
5 次	5.6	7.8	7.3	5.1	10.1	8.3	5.9	2.0	3.8	4.7
6 次	2.5	2.5	0.9	0.7	1.4	1.8	1.6	4.0	0.0	1.2
6 次以上	3.9	3.3	5.5	5.1	7.2	4.6	3.2	4.0	1.9	3.5

三、科研人员工作时间分配情况

科研人员是科技工作者队伍中的核心力量。他们的工作时间分配情况，是整个科技工作者工作时间分配情况的重要组成部分。本报告把"科研人员"界定为在大学、科研机构、企业和医疗卫生机构中工作，并且工作内容中包括"科研、研发或产品工艺开发活动"的所有科技工作者。

（一）科研人员工作时间长度

1. 工作时间长度

本次调查显示，2020 年我国科研人员工作日平均每天工作时间为 9 小时，高于科技工作者总体水平（8.7 小时），更明显高于我国在业居民的平均水平（7.7 小时），高于工作时间最长、工作最辛苦的进城务工人员（据国家统计局《2018 年全国时间利用调查公报》，进城务工人员的日平均工作时间最长，为 7.8 小时），如图 4-29 所示。

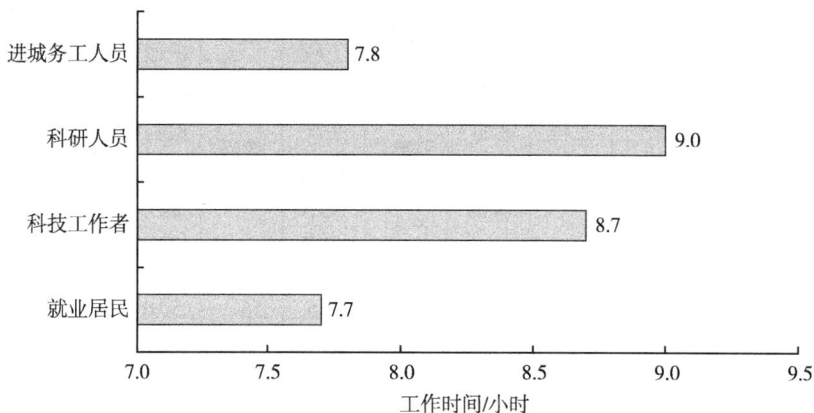

图 4-29　科研人员工作时间

2. 不同单位类型科研人员工作时间

如图 4-30 所示，在不同类型单位的科研人员中，医疗卫生机构的科研人员在工作日的工作时间最长。数据显示，医疗卫生机构科研人员工作日的工作时间达 9.8 小时，比科研院所（9.1 小时）、高等院校（8.8 小时）和企业（8.8 小时）都高。

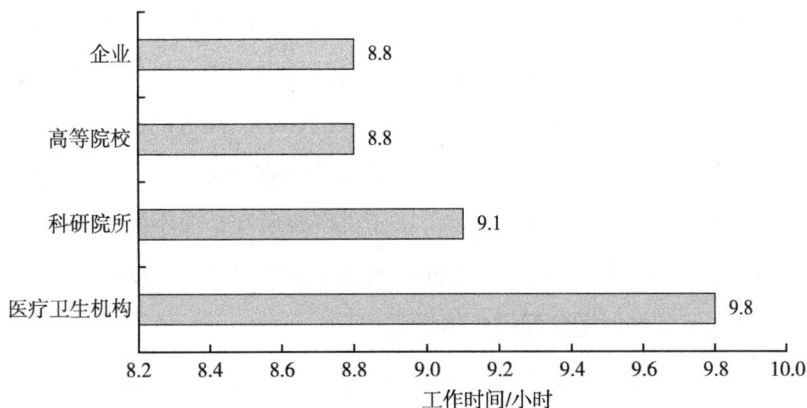

图 4-30 不同类型单位科研人员工作时间

3. 不同层次大学、科研院所科研人员工作时间

如图 4-31 所示，高层次大学和科研院所的科研人员工作时间更长。985 院校的科研人员工作日工作时间达 9.8 小时，中央级科研院所和中央转制院所的科研人员工作时间高达 9.4 小时，工作时间最短的地方转制院所仅有 7.3 小时，比科研人员均值低 1.4 小时。

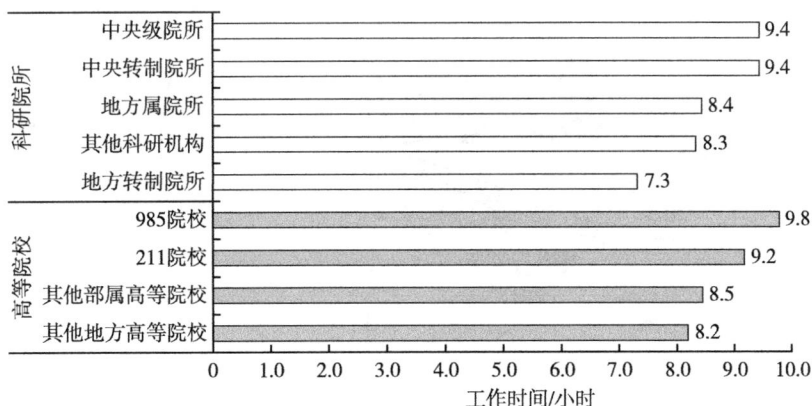

图 4-31 不同层次高等院校、科研院科研人员工作时间

（二）科研人员的工作时间结构

本次调查发现，总体而言，科研人员工作时间分配呈现"一大带多小"的结构。科研人员把一半左右的工作时间投入科研活动当中。另外，科研人员工作时间的分配结构受到其所在单位的功能定位的影响。高等院校科研人员需要兼顾科研和教学，医疗卫生机构科研人员需要兼顾临床医疗和科研，使得他们在工作时间的分配上需要"两头并举"；而科研院所和企业中的科研人员，由于相对单纯的科研定位，科研活动时间在其总工作时间中"一枝独大"。

1. 科研人员工作时间分配的总体情况

调查显示，科研人员每个工作日用于科研活动（如项目申请和管理、收集阅读文献、方案设计、实验测试、实地调研、实验室管理、撰写论文、学术交流等）的时间平均为 4 小时 23 分钟，科研时间占其工作时间的比例（以下简称"科研时间占比"）为 48.72%。与此同时，科研人员把 8.14% 的工作时间用于学习/培训/自我提升上，教学工作占据了科研人员 7.39% 的工作时间，上述三类工作共占据了科研人员六成的工作时间，如图 4-32 所示。

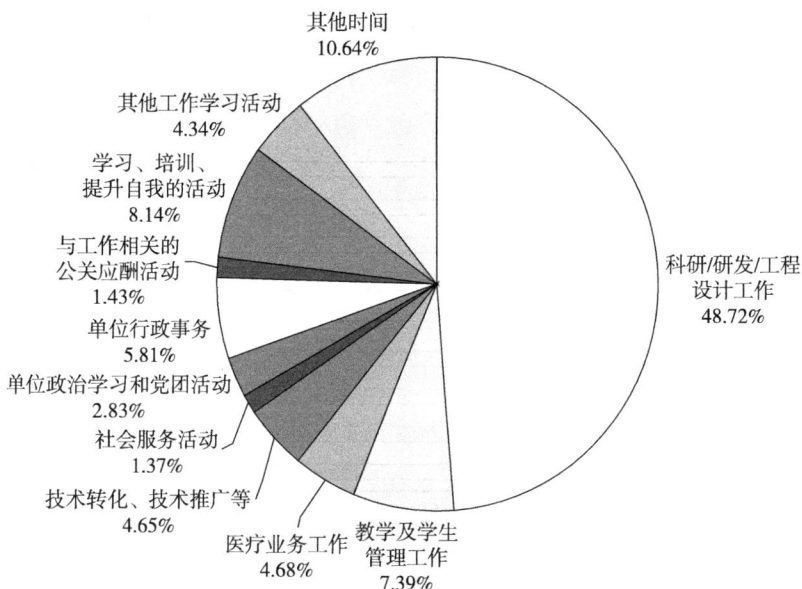

图 4-32 科研人员工作时间分配

2. 大学科研人员工作时间分配情况

大学科研人员需要兼顾科研和教学两项工作，2011 年的调查数据显示，大学科研人员的时间分配呈现"两翼齐飞"的结构，科研活动时间和教学时间分别占据了大学科研人员工作时间的 41.3% 和 34.9%。但 2020 年的调查结果显示这种"两翼齐飞"的结构发生了一些变化，大学科研人员科研活动时间和教学时间所占比例分别为 48.32% 和 16.06%，科研时间比例上升，教学时间比例下降，如图 4-33 所示。大学科研人员将六成的工作时间用于上述两项活动上，在其他工作内容的时间分配上，大学科研人员同科研人员整体的平均水平差别不大。

3. 科研院所科研人员工作时间分配情况

科研院所中科研人员的工作时间分配呈现"一枝独大"的结构。其科研活动占据了 58.51% 的工作时间，学习、培训、提升自我的活动占据了工作时间的 7.07%，其他各项工作所占的工作时间比重均较低，如图 4-34 所示。这与科研院所科研人员相对单纯的"科学研究"的功能定位有很大关系。

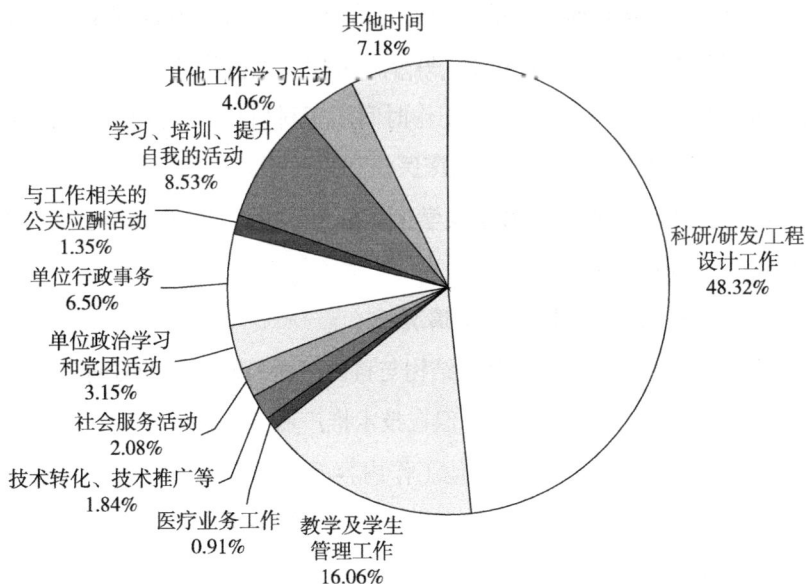

图 4-33 大学科研人员工作时间分配

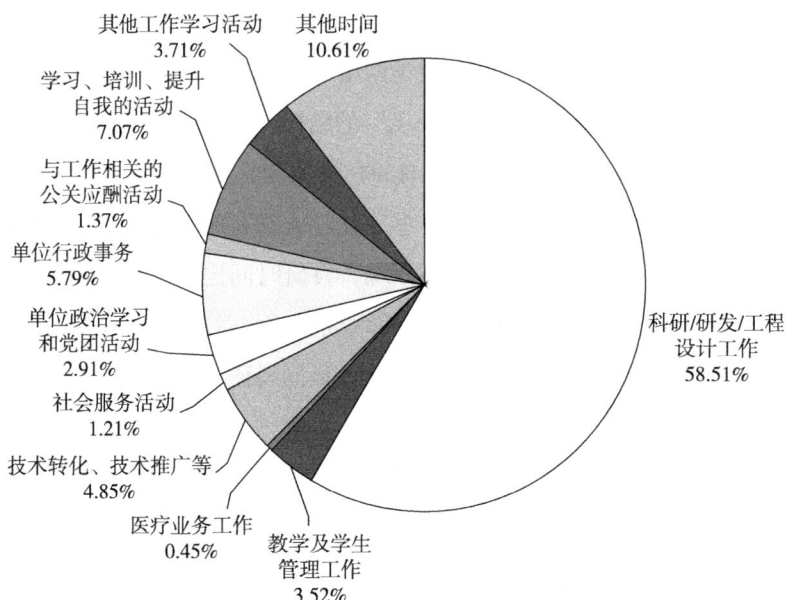

图4-34　科研院所科研人员工作时间分配

4. 医疗卫生机构科研人员工作时间分配情况

在医疗卫生机构科研人员的工作时间结构中，临床医疗时间是比重最大的一块，占到总工作时间的44.51%；另外，医疗卫生机构科研人员也承担了较大的科研任务，他们把24.01%的工作时间用于科研活动，这反映了医疗卫生机构科研人员在工作中需要兼顾临床医疗和科研两方面的目标。学习、培训、提升自我的活动占比8.9%，教学及学生管理工作占比7.5%，其他工作内容占比均比较低，如图4-35所示。

5. 企业科研人员工作时间分配情况

企业科研人员工作时间的分配结构与科研院所科研人员的时间分配结构类似，也是科研活动"一枝独大"。但在技术推广服务、科普、成果产业化工作时间的分配较高，达10.06%，其他工作内容的时间分配结构上二者也基本类似，如图4-36所示。这体现了企业和科研院所的科研人员相对单纯的角色定位，保证了这两类单位中的科研人员能够把更高比例的工作时间用于科研活动当中。

其他工作学习活动
3.51%

其他时间
1.14%

学习、培训、提升
自我的活动
8.90%

与工作相关的
公关应酬活动
0.47%

单位行政事务
4.97%

单位政治学习
和党团活动
3.26%

社会服务活动
1.09%

技术转化、技术推广等
0.64%

科研/研发/工程
设计工作
24.01%

教学及学生
管理工作
7.50%

医疗业务工作
44.51%

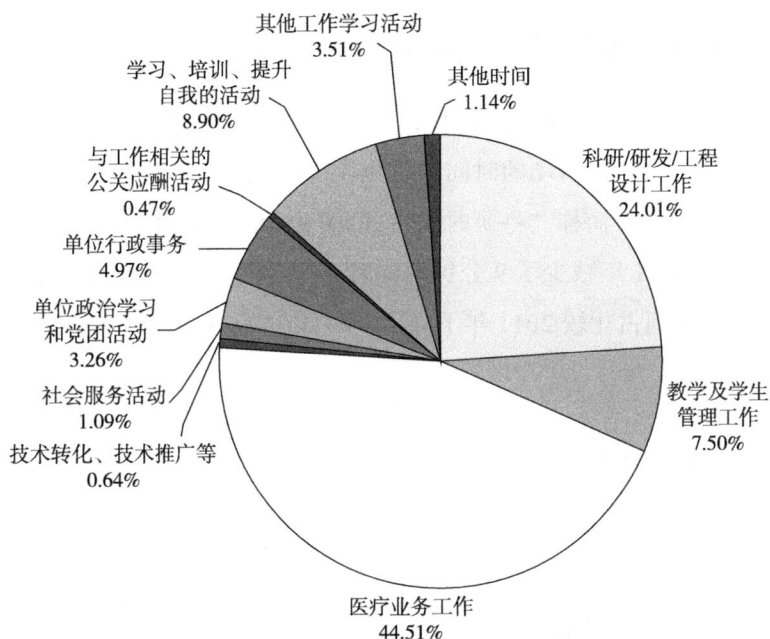

图 4-35   医疗卫生机构科研人员工作时间分配

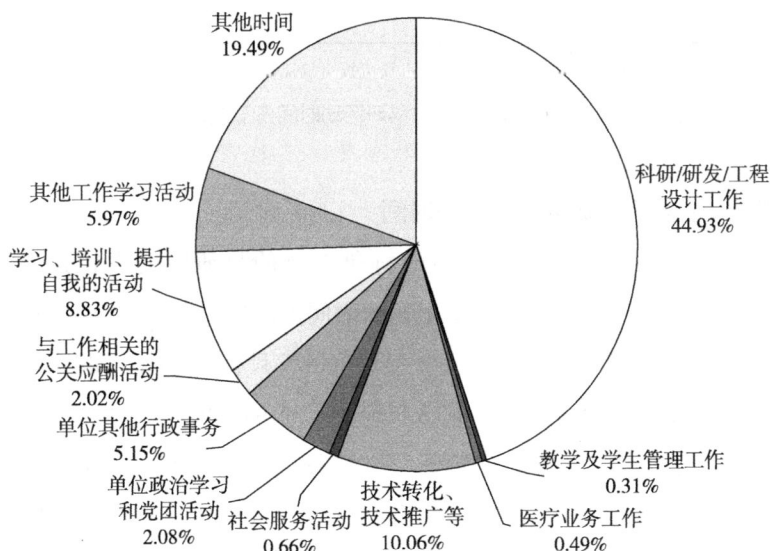

其他时间
19.49%

其他工作学习活动
5.97%

学习、培训、提升
自我的活动
8.83%

与工作相关的
公关应酬活动
2.02%

单位其他行政事务
5.15%

单位政治学习
和党团活动
2.08%

社会服务活动
0.66%

技术转化、
技术推广等
10.06%

科研/研发/工程
设计工作
44.93%

教学及学生管理工作
0.31%

医疗业务工作
0.49%

图 4-36   企业科研人员工作时间分配

（三）科研人员的科研活动时间

调查显示，周一到周五的工作日，科研人员每天用于科研活动——包括直接和间接的所有科研活动的时间平均为 4 小时 23 分钟，科研时间占其工作时间的比例（以下简称"科研时间占比"）为 48.7%，由于科研人员的平均科研时间比 2011 年减少了 9 分钟，同时工作时间比 2011 年延长了 23 分钟，因此科研时间占比较 2011 年下降了 4%（2011 年为 52.8%），如图 4-37 所示。

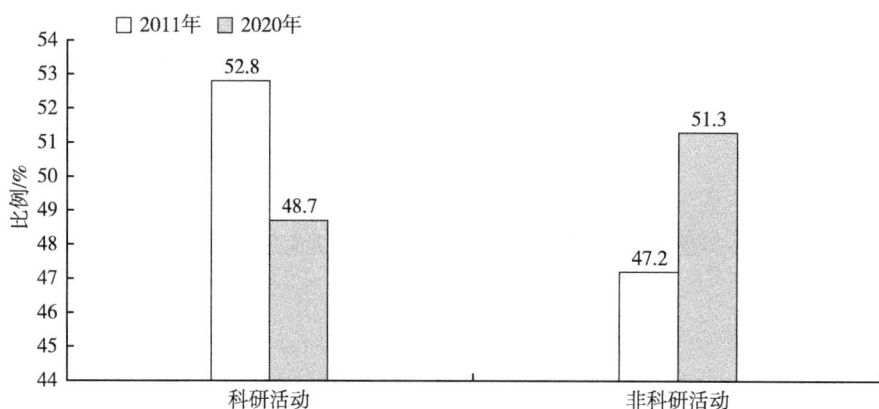

图 4-37　2011/2020 年总体科研活动时间占工作时间比例

1. 不同单位类型科研人员的科研时间

各类科研单位中，科研院所中的科研人员的科研时间占比最高，达 58.51%；高等院校和企业科研人员，其科研时间占比分别为 48.32% 和 44.93%；医疗卫生机构科研人员的科研时间占比是最低的，只有 24.01%，如图 4-38 所示。高等院校和医疗卫生机构的科研人员科研时间占比相对较低，这是很容易理解的。因为他们除承担科研工作外，同时还承担了大量的教学和临床医疗等其他业务工作。与 2011 年相比，高等院校科研人员的科研时间占比在上升，其他单位类型的科研时间占比则在下降。

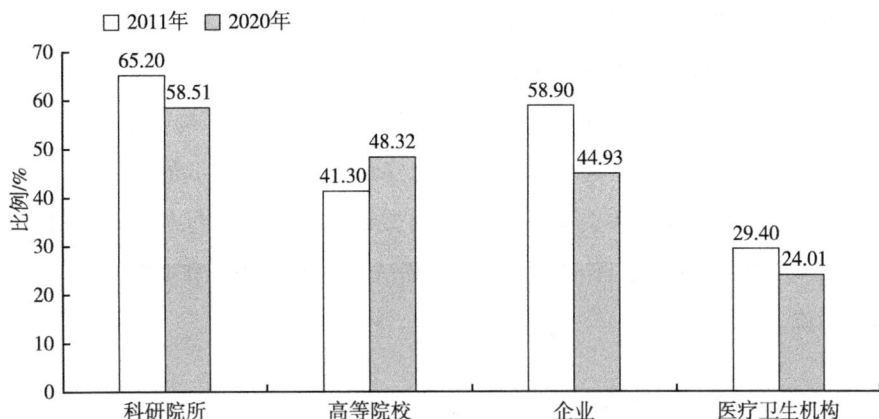

图4-38　2011/2020年不同单位类型科人员科研时间占总体工作时间比例

2. 不同层次大学、科研院所科研人员科研时间

科研机构科研人员科研时间占总工作时间的比例高于高等院校科研人员的科研工作时间。中央级科研院所更高达70.3%，高于其他类型科研单位；然后是高等院校科研人员，科研时间占比为48.3%，重点高等院校则能达到六成左右（如985院校为67%，211院校为57.1%）。

（四）教学、临床医疗及技术推广服务、科普、成果产业化时间

工作中，许多科研人员还承担了教学、临床医疗及技术推广服务、科普、成果产业化的业务工作，这些业务工作时间约占其总工作时间的16.7%。医疗卫生机构科研人员用于这部分业务工作的时间最长，占其总工作时间的44.5%。高等院校科研人员用于教学及学生管理的时间占其总工作时间的16.1%。企业科研人员用于技术转化、推广、咨询服务及生产运行等方面业务工作的时间占10.1%。科研院所的科研人员承担非科研业务工作相对较少。

（五）单位行政事务时间结构

1. 单位行政事务时间的总体情况

单位行政事务是一项占用科研人员工作时间相对较多的工作内容，占总工

作时间的平均比例为 5.8%，较 2011 年占比降低 1.4%。

2. 不同单位类型科研人员行政事务工作时间

行政事务工作在不同类型单位中科研人员的工作时间结构中差别不大，均在 5% ~ 7% 之间。占比最高的是高等院校，为 6.5%；最低的是医疗卫生机构，为 5%；科研院所和企业分别为 6.5%、5.2%，居于二者之间，如图 4-39 所示。与 2011 年相比，不同单位类型科研人员行政事务工作时间所占比例均有所下降。

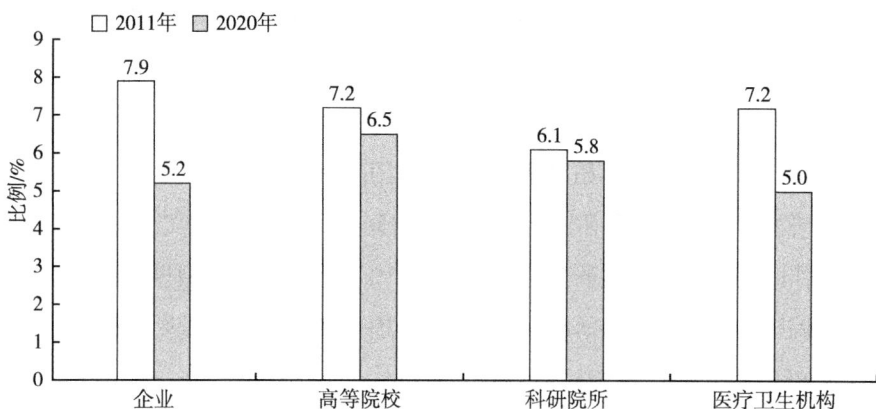

图 4-39　不同单位类型科研工作者行政工作时间比例

3. 不同层次大学、科研院所科研人员行政事务工作时间

在高等院校和科研院所中，中等级别的行政事务工作占科研人员工作时间的比例较高。地方高等院校、211 院校和地方属院所中的科研人员，行政事务工作时间占其总工作时间的比例均不低于 8%，但在中央级科研院所和 985 院校中，行政事务工作在科研人员工作时间中的占比仅为 4% 左右，如图 4-40 所示。换句话说级别越低的高等院校和科研院所，行政化可能越严重。

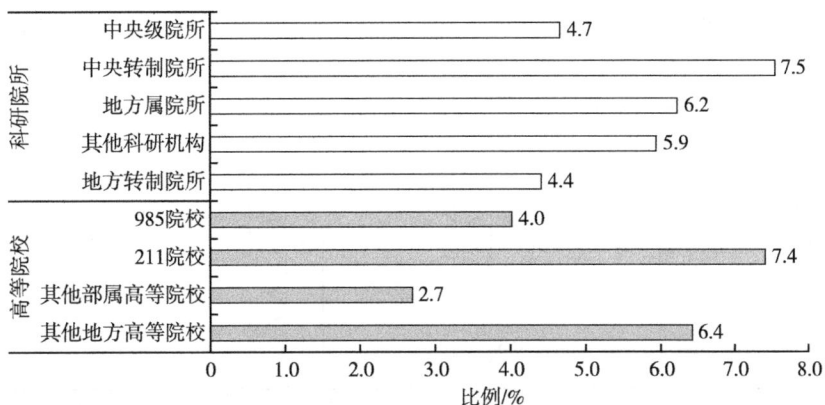

图 4-40 不同层次高等院校、科研院所科研工作者行政工作时间比例

（六）政治学习／党团活动时间

1. 政治学习／党团活动时间的总体情况

政治学习／党团活动对科研人员工作时间的占用很少，不是一个很大的问题。过去人们常批评政治学习和党团活动过多，挤占了科研时间，但在本次调查中发现，政治学习和党团活动仅占科研人员总工作时间的2.8%。与2011年相比，这一数据上升了1.4个百分点。

2. 不同单位类型科研人员政治学习／党团活动时间情况

数据显示，不同类型的单位之间，在政治学习和党团活动方面还是存在一定的差异。在医疗卫生机构中，政治学习／党团活动占科研人员工作时间的比例最高，达3.3%；高等院校和科研院所占到3.2%和3.0%；在企业中该比例最低，只有2.1%。与2011年相比，各单位类型科研人员政治学习和党团活动时间所占比例均有提高，高等院校的增长最明显，增长了2.9个百分点，如图4-41所示。

3. 不同层次大学、科研院所科研人员政治学习／党团活动时间情况

中等级别高等院校和科研院所中的科研工作者的政治学习／党团活动时间在科研人员工作时间中的占比最高。在高等院校中，仅985院校中政治学习／党团活动时间占其总工作时间的比重低于3%，为1.5%，如图4-42所示。

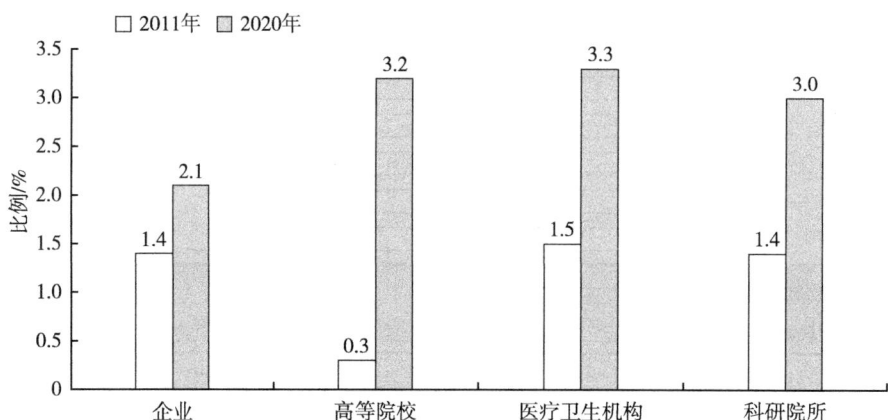

图 4-41　2011/2020 年不同单位科研工作者政治学习／党团活动占工作时间比例

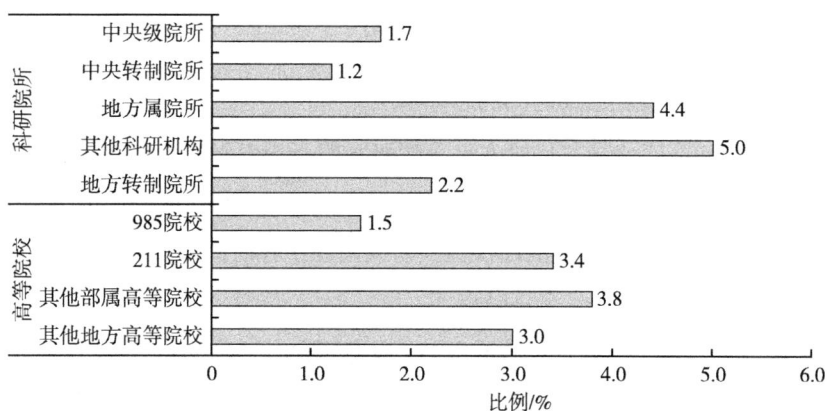

图 4-42　不同层次大学、科研院所科研工作者政治学习／党团活动占工作时间比例

（七）与工作相关的应酬活动时间

2020 年科研人员用于与工作相关的公关应酬活动（如项目运作、工作应酬、接待招待等）的平均时间为 7.7 分钟，较 2011 年的 17 分钟大幅减少。除去受疫情影响，社会交往和公务就餐的时间减少外，一个很重要的原因是十八大以后"八项规定"的实施以及科研管理活动的规范。我们的调查显示，科研人员认为 2019 年全年（疫情前）用于与工作相关的公关应酬活动时间"太多了"的比例只有 10.9%，而 2011 年认为"太多了"的比例高达 18.2%。

（八）科研人员学习培训自我提升时间

1. 科研人员学习培训自我提升时间的总体情况

科研人员重视自我提升，学习、培训活动占总工作时间的近一成左右。数据显示，科研人员把 8.14% 的工作时间投入学习培训和自我提升活动当中。

2. 不同单位类型科研人员学习培训自我提升时间情况

学习 / 培训和自我提升活动时间在科研人员的工作时间中的占比，在不同类型的单位之间差异不大。医疗卫生机构科研人员的学习培训时间最长，占工作时间的 8.9%，企业次之为 8.83%，高等院校占 8.53%，最低的是科研院所为 7.07%。

3. 不同层次大学、科研院所科研人员学习培训自我提升时间情况

如图 4-43 所示，总体来说，不同层级的高等院校和科研院所中的科研人员对学习培训自我提升时间投入程度上差别不大。但地方属院所中的科研人员，学习培训自我提升时间占其总工作时间的比重将近一成，而在 985 院校中，该比例只有 4.5%。

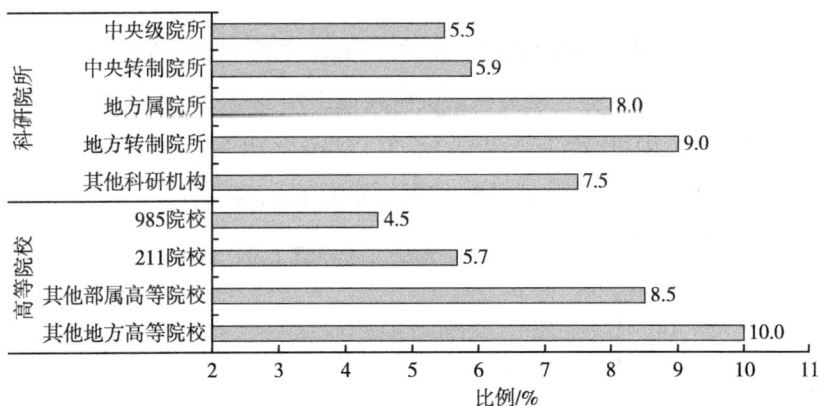

图 4-43　不同层次科研工作者学习培训时间占总时间的比例

（九）科研人员其他工作学习时间

1. 科研人员其他工作学习时间的总体情况

工作中，科研人员除了处理上述几类事务外，还把 4.34% 的工作时间用于

其他工作和学习上。

2. 不同单位类型科研人员其他工作学习时间情况

图 4-44 数据显示，在不同类型的单位中，企业科研人员的其他工作学习时间占总工作时间的 5.97%，高等院校的科研人员此比例为 4.06%，科研院所为 3.71%，最低是医疗卫生机构，仅占 3.51%。

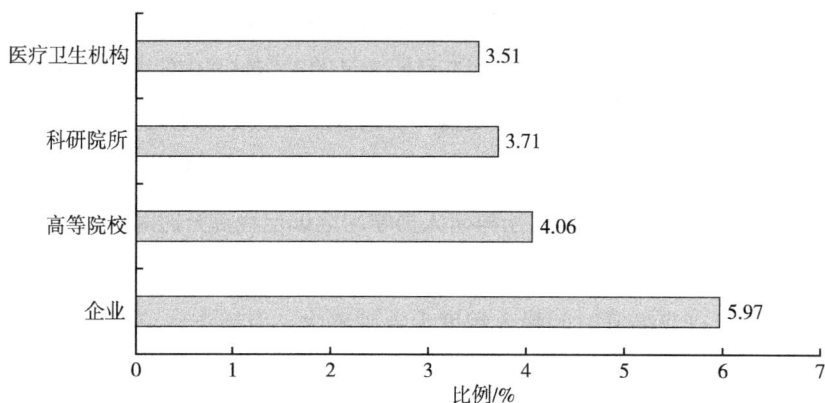

图 4-44 不同单位科研人员其他工作学习时间所占比例

3. 不同层次大学、科研院所科研人员其他工作学习时间情况

在不同层次的比较中，地方科研院所其他工作学习的时间最多，占总体工作时间的 28.3%，中央级院所为 20.8%，211 院校为 10.2%，其他地方高等院校为 4.9%，最低的是中央转制院所为 0.5%，如图 4-45 所示。

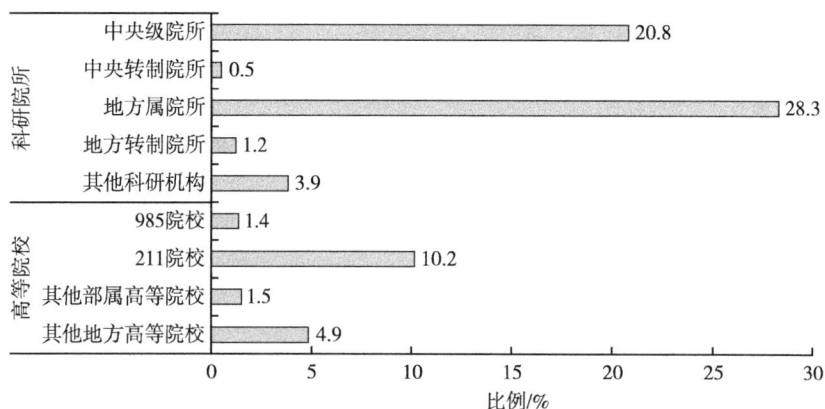

图 4-45 不同层次高等院校和科研院所其他工作时间占工作时间比例

（十）政策建议

本报告分析了科研人员的工作时间及其分配结构。结果显示，我国科研人员的总工作时间超长，但内部结构基本合理，对科研时间的不合理挤占问题并不突出。科研时间占总工作时间比例较低的科研人员，其主要原因是同时还承担了教学、医疗或其他非科研性的业务工作，属于多重角色冲突所致。单位行政事务、政治学习／党团活动和社会服务活动所占比例已经很低，并未对科研时间形成明显挤占。

科研人员的工作时间过长，对其身体和心理的健康都会带来不利影响，对创新能力也有一定影响，应引起充分重视。建议科技管理部门应调整科研评价体系、减轻科研人员的压力。同时科研单位的管理者应强化休假制度，将科研人员的休假落实，切实减少科研人员的工作时间。

第五章 科技工作者科研伦理意识调查 ①

随着科技的快速发展和对经济社会前所未有的全面而深入的渗透和改变，科研伦理问题成为学术界和全社会关注的热点。特别是近年来，随着以基因编辑、大数据、人工智能等为代表的新兴技术的快速发展，以及"黄金大米""换头术""基因编辑婴儿"等一系列热点伦理事件的出现，加强科研伦理治理成为一个重要的政策议题，具有很高的社会关注度和国际关注度。党的十九届四中全会明确提出"健全科研伦理治理体制"的要求，从防风险、促发展的战略高度认识科研伦理工作的重要性，加强我国科研伦理治理体系和治理能力建设。科技工作者作为科研伦理的践行主体，其关于科研伦理的意识和自觉性对于我国的科研伦理治理体系建设十分重要，及时、全面了解他们的科研伦理意识状况，深入分析关键影响因素，对于相关法律法规和政策的制定、加强科研伦理治理无疑具有重要意义。

2014 年，中国科协曾组织开展了全国科技工作者科研伦理意识调查。在此基础上，课题组于 2020 年进行了第二次全国科技工作者科研伦理意识调查。研究报告围绕科技工作者科研伦理意识的几个重要议题，客观、系统展现了我国科技工作者科研伦理意识的现状及近年来的变化，分析了存在的薄弱环节、问题及主要的影响因素，并对我国科研伦理治理体系的建设提出了政策建议。

---

① 本章主要执笔人：卢阳旭、张文霞、张娟娟、何光喜、赵延东。

一、调查数据说明

（一）科研伦理和科研伦理意识的概念界定

1. 对科研伦理的概念

为了突出特色和针对性，本研究与上一轮调查一样，继续采用中国科协拟定的《科学道德与学风建设宣讲参考大纲（试用本）》中关于科研伦理的狭义定义，把科研伦理与国内讨论较多的科研道德、科研诚信行为等研究区分开来，重点考察科研人员与合作者、受试者和生态环境之间的伦理规范和行为准则。研究的重点放在研发过程中的科研伦理问题，适当兼顾科研诚信；调查研究的对象范围涉及所有类型的科技工作者，但研究问题的设计主要围绕科研人员。

2. 科研伦理具体体现为成文的科研伦理规范

科研伦理规范包括伦理原则和具体行为规范两个层面，主要集中在生命科学、医学、信息和工程科学领域。一般把科研伦理原则归纳为四大原则：尊重原则、有利原则、不伤害/风险最小原则、公正原则；所涉及的内容包括人、环境、动物和社会四大方面的相关问题。与上一轮调查一样，科技工作者对这些问题的看法以及对有关科研伦理规范的遵守情况是本次问卷调查的核心内容。

3. 个人科研伦理意识的背后是其深层的价值观立场

科研伦理规范作为科研人员的行为准则，表面上核心问题是科研人员遵守与否的问题，但其背后的支撑是每个人所持有的深层次的价值观倾向和科学技术观。所以，本调查继续保留了部分题目，测量科技工作者对科技的价值和风险、科学家的社会责任等方面的态度。

4. 科研伦理意识是一个从知识到态度和行为选择的复杂体系

课题组认为，科研伦理意识是人们对科研活动中有关伦理问题的认知、判断与行为选择，包括"知""行"两方面。所以，本研究对科研伦理意识的测量从认知、态度和情感、行为意愿与表现、现实评价四个方面进行。从逻辑上来看这是一个连贯的链条，每部分关注的问题不同但互相衔接。其逻辑关系如图5-1所示。

| 认知 | → | 态度情感 | → | 行为意愿与表现 | → | 现实评价与建议 |

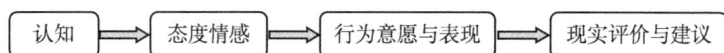

图 5-1　科研伦理意识概念的逻辑图示

（二）调查问卷的结构

根据研究总体框架，问卷设计的总体框架的核心是科研伦理意识模块，相关模块包括影响因素模块、伦理规范及价值观模块、后果模块等。

1. 科研伦理意识模块

对科研伦理意识的测量分为认知、态度与看法、行为意愿与行为表现、现实评价与建议四个模块。具体指标如表 5-1 所示。

表 5-1　科研伦理意识测量指标

一级指标	二级指标
认知	了解科研伦理有关概念与原则
	了解有关文件规范
	了解有关机构
	了解热点事件并能给出自己的判断
态度与看法	对科研伦理意义的看法
	对科学技术及科学家责任的看法
	价值观倾向与优先性选择
	对不当行为的容忍度
	对不当行为危害性的判断
行为意愿与行为表现	是否考虑伦理与风险问题
	是否有纠正不当行为的意愿
	对伦理规范的遵守情况
	教育培训情况
现实评价与建议	对典型不当现象的普遍性的评价
	对单位伦理文化的评价
	对机构伦理审查委员会的评价与政策建议

2.科研伦理意识的影响因素模块

该模块主要从个人因素、组织因素和外部环境因素三个维度分析影响我国科技工作者科研伦理意识与行为的主要因素。其中，个人因素主要包括个人的学历、专业领域、研究水平、社会经济地位、性格特征、伦理规范培训经历、个人对科学技术、风险、社会责任的看法、工作压力、科研网络等；组织因素主要包括单位的评价制度、教育培训、伦理审查机构及相关制度建设情况等；外部环境因素主要包括国家的相关法规、制度以及相关的学校伦理教育培训、行业自律等。

3.伦理规范及价值观模块

该模块主要分为价值观、伦理原则、伦理规范三个层次。其中，价值观是最深层次的，与科研伦理相关的价值倾向主要包括对科研禁区有 / 无、科学家无限责任 / 有限责任、科技决策民主化 / 专家决策等方面的不同选择；科研伦理原则主要包括尊重原则、伤害和风险最小化原则、有利原则、公正原则；伦理规范主要包括与人有关、与动物有关、与环境有关、与社会有关四个维度。

4.后果和影响模块

我们对科研伦理意识的可能后果提出了如下假设：一个人所具有的科研伦理意识如何影响他科学研究的质量、对同行研究成果的信任、工作价值感、对职业的忠诚度、公共参与的热情等方面，并最终间接影响国家科技事业的发展。

（三）调查问题的更新与扩充

在问卷内容上，为保证与上一轮调查具有可比性，本次调查在调查指标设计上延续上轮调查的基本调查框架和概念设定，在对调查问题基本保持稳定的基础上，对有关调查问题进行了扩充和更新。

保持不变的内容主要包括：参照中国科协关于科研伦理的狭义定义，把科研伦理与国内讨论较多的科研道德、科研诚信等概念区分看待，重点考察科研人员与合作者、受试者、生态环境和社会公众之间的伦理规范和行为准则；把科研伦理意识定义为人们对科研活动中有关伦理问题的认知、判断与行为选择，包括"知""行"两方面；研究框架围绕对伦理规范"知道不知道→赞同不赞同→愿不愿意去做→是否有实际行为→做得怎么样"这样的逻辑链条，从科技工作者所拥有的伦理知识、态度与行为倾向、基本价值观立场、情感、行为表现、影响因素以及对科研伦理管理现状与问题的评价七个方面进行测量。

更新的内容主要包括：一是对科技工作者科研伦理认知部分的内容进行了扩展和更新，增加了科研伦理词汇联想题目，并选取了最近 5 年来的有关政策文件和重大事件询问科技工作者了解情况；二是把国际上有关负责任研究与创新研究的有关概念和理念融进问卷，对有关问题进行了测量，扩展了科研伦理行为规范的内容；三是对伦理审查委员会和伦理教育需求的相关问题进行了进一步的细化和具体化；四是在对新技术的认识和态度部分进行了更新，保留了核技术和转基因技术，把纳米技术、合成生物技术换成了人工智能。

（四）问卷调查的执行情况

本次问卷调查与上次一样采用网上调查形式，依托中国科协分布在全国的科技工作者状况调查站点进行，覆盖了科研院所、高等院校、企业、医疗卫生机构和县域基层单位的各类科技工作者群体。在具体执行中，采用了多阶段抽样方法选取科技工作者，事先按照已定的定额比例给不同类型的调查站点分配了不同的调查样本量，然后通过邮件邀请被选中的调查对象参加电子问卷填答。同时，为最大限度地减轻受访者的负担，本次调查与上次一样采用 A、B 卷设计，将问卷分为若干模块，只有个人信息等基础模块询问所有受访者，其他模块则根据研究需要分别询问 A、B 两个受访者组。

（五）样本分布结构

问卷回收结果显示，共有 506 个站点的 11888 名科技工作者参与了调查，有效回收率为 91.9%。本次调查的随机样本分布基本合理，能较好代表全国科技工作者的整体状况。从性别看，男性占 50.4%，女性占 49.6%；从年龄结构看，35 岁及以下青年为主体，占 53.2%，36～40 岁占 21%，41～45 岁占 11.4%，46 岁及以上占 14.4%。从所学专业看，理、工、农、医、管理学及其他学科专业都有所涉及。从职称来看，正高级职称占6.5%，副高级职称占19.2%，中级职称占33.6%，初级职称占18%。从科技工作者所在单位类型来看，高等院校占21.6%，科研院所占18%，企业占28.3%，医疗卫生机构占11.5%，中学/中专/技校、技术推广组织等其他类型单位的科技工作者占20.5%。受访者分布情况见表5-2。

表5-2　调查样本的分布结构（N=11888）（%）

地区	百分比	单位	百分比	年龄	百分比	学历	百分比	职称	百分比
东部	47.8	985/211院校	6.7	35岁及以下	53.2	博士	18.1	正高级	6.5
中部	21.6	其他高等院校	14.9	36~40岁	21	硕士	27.6	副高级	19.2
西部	22.8	中央院所	5.7	41~45岁	11.4	本科	40.1	中级	33.6
东北	7.9	其他院所	12.3	46岁及以上	14.4	大专及以下	14.2	初级	18
合计	100	医疗卫生机构	11.5	合计	100	合计	100	无职称	22.7
		企业	28.3					合计	100
		其他	20.5						
		合计	100						

二、主要研究发现

（一）科技工作者对科研伦理概念及相关规范的认知和了解普遍不够，对相关事件也缺乏足够关注

科技工作者对科研伦理的主观认知更多与道德、诚信相关联。调查发现，提到科研伦理，科技工作者首先想到的是道德、诚信、严谨等概念。在看到

"科研伦理"的自由联想词汇中，排在前 10 位的词分别是"道德、诚信、科研、伦理、学术、抄袭、严谨、科学、研究、动物"；对于科研人员，排在前 10 位的词分别是"道德、学术、科研、伦理、诚信、造假、规范、数据、严谨、科学"。

多数科技工作者表示对科研伦理规范和伦理原则不太了解。调查发现，仅有 5.3% 的科技工作者表示自己对科研伦理规范了解比较多，31.4% 表示了解一些，二者总计为 36.7%，不到四成。科技工作者对科研伦理原则的了解情况与伦理规范差不多，仅有 38.7% 的人对科研伦理关键原则表示了解或非常了解。其中，27.8% 的人认为自己比较了解或非常了解"知情同意原则"，32.9%认为自己比较了解或非常了解"公正原则"。具体来看，对科研伦理规范的了解比例随着职称的升高而提高，医疗卫生机构科技工作者中了解的比例明显高于高等院校、科研院所和企业，对伦理原则的了解比例较 2014 年的上升也最明显。科研人员认为自己对科研伦理规范有所了解（包括"了解比较多"和"有所了解"）的比例（48.9%）显著高于非科研人员（28.6%），其对"动物实验 3R 原则""受试者知情同意原则""伦理审查原则"及"公正原则"四个伦理原则有所了解的比例依次为 13.7%、34.5%、31.9% 和 39.3%，都明显高于非科研人员。

与 2014 年的调查相比，科研人员对科研伦理的认知度有所下降。例如，2020 年科研人员表示自己了解科研伦理规范的比例（48.9%）与 2014 年（55.9%）相比下降了 8 个百分点。科研人员对"动物实验 3R 原则""知情同意原则""伦理审查原则"及"公正原则"表示比较了解或非常了解的比例分别由 2014 年 14.8%、45.6%、36.3% 和 71.9% 降至 13.7%、34.5%、31.9%、39.3%；特别是"公正原则"，下降了 32.6 个百分点。初步分析下降的原因，主要是因为"听说过但不太了解"的比例上升明显。这可能是由于近年来对相关问题讨论的深入，更多科研人员认识到科研伦理问题的复杂性，反倒对自己的认定和判断更趋于谨慎和客观。以"公正原则"为例，经常接触人类研究对象的科研人员中表示"没听说过"和"听说过不太了解"公正原则的比例由 2014 年的 5.1% 和 13.1%，降至 3.8% 和 10.4%。

（二）科技工作者认为有违科研伦理规范的现象显著好转，但形势依然严峻

五成左右科技工作者认为有违科研伦理规范的现象危害较大。调查显示，科技工作者中认为"不注意保护人类研究对象权利""漠视动物福利""忽视科技活动对生态环境的不良影响""忽视科技活动对社会的不良影响"这四种典型的不符合科研伦理规范的现象危害很大或较大的比例分别为54.2%、46.2%、53.1%和44.4%。

进一步分析发现，2020年科研人员认为违反科研伦理规范的现象危害较大的比例较2014年有较大幅度下降。调查显示，有五成左右的科研人员认为有违科研伦理规范的现象危害极大或较大。对于"不注意保护人类研究对象权利""漠视动物福利""忽视科技活动对生态环境的不良影响""忽视科技活动对社会的不良影响"这四种典型的不符合科研伦理规范的行为，科研人员认为危害很大或较大的比例明显高于非科研人员群体。科研人员中认为危害很大或较大的比例分别为58.5%、48%、58.2%和48.3%，2014年分别为71.9%、52.1%、87.6%和85.7%，2020年较2014年分别下降了13.4、4.1、29.4和37.4个百分点。

四成左右科技工作者认为科技界有违科研伦理规范的现象较普遍。数据显示，科技工作者中认为"不注意保护人类研究对象权利""漠视动物福利""忽视科技活动对生态环境的不良影响""忽视科技活动对社会的不良影响"这四种典型不符合科研伦理规范的现象很普遍或比较普遍的比例分别为38.1%、46.1%、39.4%和31.5%。

进一步分析发现，2020年科研人员认为我国科技界有违科研伦理规范的现象在四成左右，与2014年相比有显著好转。在列举的四种典型不符合科研伦理规范的现象中，科研人员中认为"漠视动物福利"最为普遍，其次是"忽视科技活动对生态环境的不良影响"，分别有52.1%和41.5%的人认为该现象很普遍或比较普遍；认为"不注意保护人类研究对象权利""忽视科技活动对社会的不良影响"的现象很普遍或比较普遍的比例分别为39.2%和32.5%。其中，

科研人员认为科技界有违科研伦理规范的现象较普遍的比例较非科研人员群体稍高一些。与2014年相比，科研人员认为科技界不符合科研伦理规范现象较普遍的比例大幅下降，上述四项的下降比例至少为30个百分点。

但是，日常工作中经常接触特定领域伦理议题的科技工作者中，仍有相当比例的人不太了解该领域的科研伦理原则或规范。例如，日常工作中经常涉及人类研究对象的科技工作者中，对于尊重人类研究对象（受试者）的自主权和尊重人类研究对象（受试者）的隐私权的原则，分别有17.8%和16.2%表示没听说过、不太了解或者不愿意回答；经常使用实验动物的科技工作者中，仅有47.0%表示对"动物实验3R原则"比较了解或非常了解。

（三）科研伦理教育有积极进展，但系统化的正规教育体系尚未建立

科技工作者获取科研伦理知识的渠道仍主要依靠媒体和自学，专业性、系统化的教育不足。调查显示，科技工作者获取科研伦理知识的渠道较为多元，按被提及频率从高到低依次是新闻媒体宣传（53.6%）、自己看材料自学（42.9%）、工作期间接受单位培训（39.3%）、同事/朋友等言传身教（36.5%）、导师言传身教（25.2%）、读书期间学校的课程（23.1%）、工作期间接受学术团体/学会的培训（23%）、其他渠道（5.5%），排序基本与2014年调查结果相同。可见，近年来，虽然我国一再强调科研伦理培训，高等院校也加强了相关教学，但学校提供的系统化教育仍明显不足，只有24.1%的科技工作者参加过专门的科研伦理课程。

医疗卫生机构的科研伦理在岗培训和学校教育有显著进展。与其他单位类型不同，医疗卫生机构科技工作者获取科研伦理知识的渠道排前三位的依次是工作期间接受培训（58.5%）、自学（43%）和读书期间学校的课程（36.6%）。相较2014年，医疗卫生机构科技工作者选择在岗培训的比例提高了8个百分点，学校教育取代新闻媒体成为医疗卫生机构科研伦理知识获取的第三大渠道，62.8%的医疗卫生机构科技工作者参加过相关的科研伦理课程，这一比例在其他科技工作者中都在40.0%以下。

超四成科技工作者明确表示希望获得科研伦理培训，医疗卫生机构科技工作者需求最强烈。数据显示，44.5%的科技工作者希望获得科研伦理方面的培训，医疗卫生机构科技工作者希望获得相关培训的比例高达67.3%，远高于其他群体。相对系统性和实用性，培训课程的趣味性稍差。

科技工作者更期望获得短期、趣味性和实用性强的培训。科技工作者期望获得的培训内容排前三位的分别是：获得违反科研诚信／伦理规范案例剖析内容（71.6%），获得政策／规范介绍和解读方面的内容（70.7%），获得我国科研伦理／诚信的形式分析（59.4%）；乐于接受的培训形式依次为讲座（54.1%）、短期集中培训（46.4%）、研讨会／经验交流会（44.4%）、线上学习（40.4%）、参观学习（35.1%）、脱产学习（17.9%）。

（四）机构伦理（审查）委员会建设滞后，医疗卫生机构、高等院校和科研机构中有必要尽快设立伦理（审查）委员会

绝大部分科技工作者表示不了解伦理审查。调查显示，对于"伦理审查"一词，有25.4%的科技工作者表示没听说过，49.5%表示听说过但不太了解；表示比较了解和非常了解的仅占18.2%和6.9%，合计约为四分之一，比2014年下降了11个百分点。相对而言，医疗卫生机构科技工作者对伦理审查的了解程度最高，不了解（没有听说过或听说过但不太了解）的比例（37.4%）大大低于企业（87.1%）和985/211院校（53.0%）等机构。

近四成科技工作者担心伦理审查耗费科研人员过多时间。对于"科研伦理审查耗费了科研人员太多的时间和精力"的说法，倾向于赞成的科技工作者接近四成，其中分别有6.2%和33.1%表示完全同意或比较同意，赞成科研伦理审查耗费了科研人员太多的时间和精力的比例较2014年提高了5个百分点；倾向于不赞成的也接近四成，表示不太同意和完全不同意的分别占32.5%和4.3%，反对的比例下降了23个百分点，表示说不清的增加了18个百分点。其中，向本单位科研伦理（审查）委员会提交过伦理审查申请的科技工作者中，39.4%的人明确赞同上述说法，36.6%的人明确反对上述说法。上述结果表明，科技工作者中对伦理审查意义和价值认识不足的比例在上升，认为伦理审查耗

费了太多时间的看法在我国还有相当的市场。这一方面是观念问题，另一方面可能也与伦理审查工作不到位有关。

近一半的科技工作者不清楚单位是否设立了伦理（审查）委员会。近年来，不少研究机构纷纷开始设置伦理（审查）委员会，对研究人员的研究活动进行审查和评估。调查显示，19.7%的科技工作者明确表示所在单位设置了伦理（审查）委员会，有46.4%的科技工作者表示不清楚。在明确知道本单位设立了伦理（审查）委员会的科技工作者中，有41.2%表示知道机构伦理（审查）委员会的大部分成员，40.6%表示知道少部分成员，还有18.2%表示几乎不知道。可见科技工作者群体对单位伦理（审查）委员会的关注度不太高。

伦理（审查）委员会的作用得到普遍认可，医疗卫生机构、高等院校和科研机构中多数科技工作者认为本单位有必要设立科研伦理（审查）委员会。在明确知道本单位设立了伦理（审查）委员会的科技工作者中，超过八成对于单位伦理审查对规范科研人员行为的作用持肯定态度。52.7%认为作用较大，34.0%认为有些作用，两者合计为86.7%；仅有4.3%表示没什么作用。特别是企业和医疗卫生机构，持肯定态度的比例高于其他类型单位的科技工作者。在医疗卫生机构、985/211院校以及中央科研院所的科技工作者中，分别有75.6%、70.3%和56.3%的人认为本单位有必要设立伦理（审查）委员会，明显高于其他类型单位。对于如何加强我国科研伦理的治理，科研人员认为当前最紧迫任务的前四项分别是：健全法律法规和规范（33.4%）、加大对违反行为的惩罚力度（17.9%）、加强教育培训（16.3%）、改进评价标准和体系（12.9%）。

（五）科研人员普遍认同科研伦理治理对科学发展的积极作用，但也有相当部分人担心强调科研伦理会制约科学发展

超八成科研人员认同科研伦理对于科学研究和科学发展有积极作用，但持肯定态度的比例较2014年有所下降。数据显示，对于"如果忽略了科研伦理，科学研究可能会误入歧途"和"加强科研伦理规范有助于促进中国科研事业发展"这两个说法，学历越高、有过海外经历以及在医疗卫生机构和

985/211 院校工作的科研人员认同度越高。但分析也发现，相比于 2014 年，科研人员对上述两种说法的认同度有所下降。具体而言，对于"如果忽略了科研伦理，科学研究可能会误入歧途"这一说法，有 85% 的科研人员表示同意（31.8% 完全同意，53.2% 比较同意），比 2014 年的 89.7%（46.6% 完全同意，43.1% 比较同意）稍有下降。同样，赞同"加强科研伦理规范有助于促进中国科研事业的发展"这一说法的科研人员比例也由 2014 年的 87.8% 降至 78.2%。

相当一部分科研人员认同过于强调科研伦理会束缚科学发展，且比例呈上升趋势。42.7% 的科研人员同意（6.4% 完全同意，36.3% 比较同意）"过分强调科研伦理会限制科研自由和科学发展"，显著高于 2014 年的 30.4%；26.5% 同意"强调科研伦理是西方国家束缚中国科技进步的手段"，比 2014 年上升了 10 个百分点。进一步分析发现，那些低学历和没有出国留学过的科研人员更趋向于赞同这些说法。

（六）科技工作者对我国总体科研伦理水平的评价有较大改善，对于我国科研伦理规范与国际接轨的态度有较大分歧，多数人认为全球科研伦理治理应尊重差异和多样性

与 2014 年相比，研究人员对我国科研人员总体科研伦理水平的评价明显向好。调查显示，有 8.5% 的科技工作者认为我国科研人员的科研伦理水平高于欧盟，91.5% 的科技工作者认为不如欧盟，其中没有海外学习工作经历的人的评价明显好于有海外学习工作经历的。如果以当前欧盟国家科研人员的科研伦理水平为 100 分，科技工作者给我国科研人员的平均打分为 86.5 分。而在 2014 年的调查中，有 94.6% 的科研人员认为我国科研人员的科研伦理水平不如欧盟，其平均打分仅为 48.1 分。

科技工作者对我国科研伦理规范是否与国际接轨的态度有较大分歧，超三成科技工作者在这一问题上持"实用主义"态度。对于"欧美发达国家的科研人员把一些不符合其本国科研伦理或存在伦理争议的研究转移到我国开展"此类现象，4.7% 的科技工作者认为上述现象"非常多"，10.4% 的人认为"比较

多"，二者合计为 15.1%，另有 7.1% 的人认为"不太多"，16.2% 的人认为"几乎没有"，61.6% 的人回答"不知道 / 无法判断"。对于"是否应该允许他们来中国开展研究"，10.6% 的人认为"可以允许"，22.5% 的人认为"如果研究在科学上是领先的，可以允许"，二者合计为 33.1%，有 32.4% 的人回答"不允许"，34.5% 的人回答"不知道或无法判断"。在与国际科研伦理规则接轨问题上，大学和科研院所与市场化应用部门（企业）存在一定的差别，大学、科研院所、医疗卫生机构和企业科技工作者中，分别有 29.6%、26.9%、32.8% 和 37.1% 的人认为"可以允许"或"如果研究在科学上是领先的，可以允许"。或许可以认为，离技术应用越近的科技工作者，在与国际科研伦理规则接轨问题上越可能持"实用优先"的态度。

近七成科技工作者认为科研伦理应该根据不同国家的发展水平和文化传统保持多样性。对于"科研伦理应该根据不同国家的发展水平和文化传统保持多样性"的说法，15.5% 的科技工作者表示"完全同意"，53.4% 表示"比较同意"，二者合计为 68.9%；表示"不太同意"或"完全不同意"的合计为 14.1%；科技工作者内部各群体之间差异不大。

三、科技工作者对科研伦理的认知

（一）科技工作者对科研伦理的关注度

1. 科技工作者对科研伦理热点事件的关注度不高

（1）科技工作者对社会上最近发生的科研伦理事件的关注度不高

具体来看，就贺建奎"基因编辑婴儿"事件来看，近四成（38.5%）科技工作者没有听说过该事件，21% 表示了解该事件（包括"比较了解"和"非常了解"）；关于 2017 年哈尔滨医科大学任晓平团队开展"头颅移植手术"事件，超四成（41.5%）表示没有听说过，表示"比较了解"或"非常了解"此事件的比例为 7.8%；对于国家设立国家科研伦理委员会事件，44.0% 的科技工作者没听说过，了解该事件的比例为 6.1%，如图 5-2 所示。

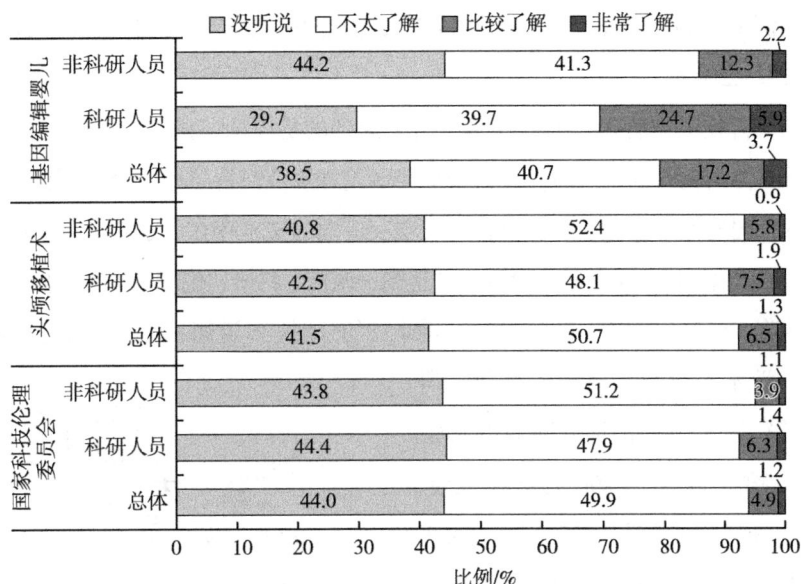

图 5-2 不同类型科技工作者对科研伦理热点事件的知晓情况

（2）科研人员对社会上最近发生的科研伦理事件关注度略高于非科研人员，但比例均不高

就"基因编辑婴儿"事件来看，表示"比较了解"或"非常了解"该事件的科研人员占比为30.6%，非科研人员占比为14.5%，科研人员对该事件的关注度明显更高；就哈医大"头颅移植术"事件，科研人员和非科研人员表示比较"了解"或"非常了解"该事件的比例分别为9.4%和6.7%；就了解国家科研伦理委员会来看，科研人员和非科研人员表示"比较了解"或"非常了解"该事件的比例分别为7.7%和5%。

2. 科技工作者对科研伦理的主观认知更多与道德、诚信相关联

（1）科技工作者对科研伦理认知的主观感受不深，两成人填答主观联想题

问卷中在问及科技工作者关于科研伦理的认知情况时设计了三道主观联想题："提到科研伦理您首先想到了什么？第一个""提到科研伦理您首先想到了什么？第二个""提到科研伦理您首先想到了什么？第三个"。这三道题的填答率依次为23.3%、15.1%和10%。

具体来看，非科研人员填答此三道题的比例更低。科研人员填答三道主观

题的比例依次为 27.7%、18.1% 和 11.3%，而非科研人员的比例依次为 20.4%、13.0% 和 9.2%。

（2）科技工作者提到科研伦理，首先想到的是道德、诚信、严谨等概念

就具体的文本内容来看，我们根据科研伦理规范设置了相应分词词典，在文本进行分词处理后又做了统计分析，发现三道题的文本存在一定差异。分词结果显示，第一道题排前十位的词分别是"道德、诚信、科研、伦理、学术、抄袭、严谨、科学、研究、动物"，第二道题排前十位的分别是"道德、科研、伦理、诚信、严谨、学术、动物、规范、科学、研究"，第三道排前十的词分别是"伦理、科研、道德、诚信、创新、学术、社会、下一题、研究、尊重"（图5-3～图5-5）。科技工作者将科研伦理规范中的道德、诚信、严谨等要求放在了前面。

对于非科研人员，第一道题排前十位的词分别是"科研、伦理、道德、研究、科学、科学研究、科技、科研人员、人类、尊重"，科研人员该题填答排前十位的词分别是"道德、学术、

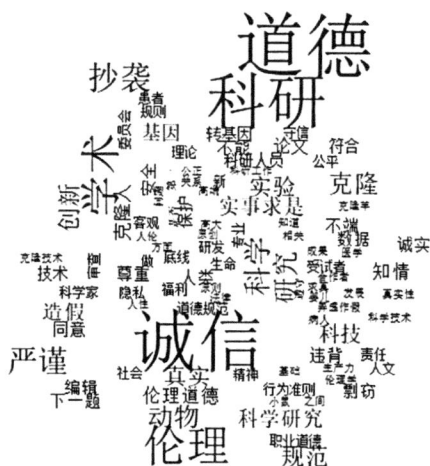

图 5-3　第一道题词云图

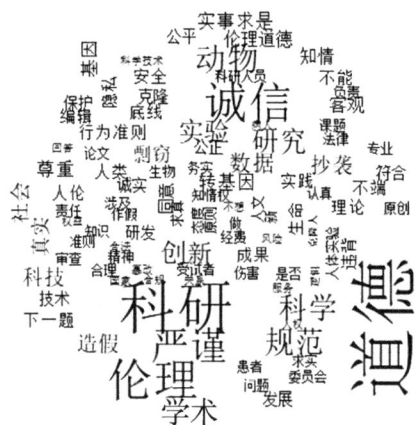

图 5-4　第二道题词云图

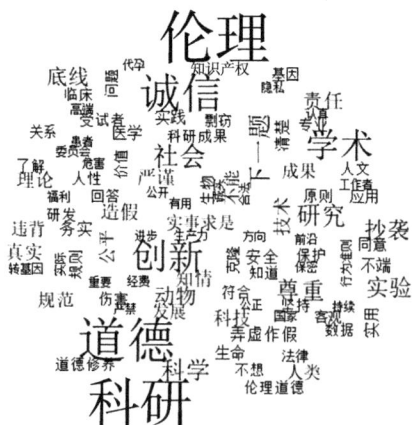

图 5-5　第三道题词云图

科研、伦理、诚信、造假、规范、数据、严谨、科学"（图5-6、图5-7）。

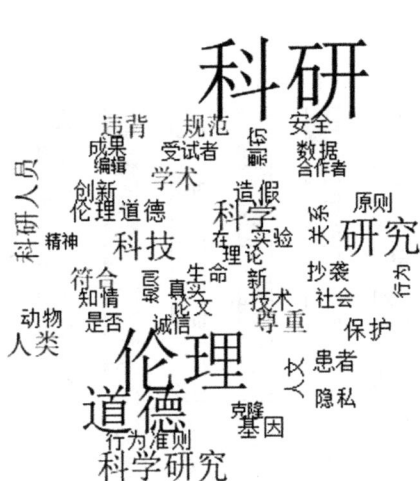

<table>
<tr><td>图5-6　非科研人员第一道题的词云图</td><td>图5-7　科研人员第一道题的词云图</td></tr>
</table>

（二）科技工作者对科研伦理问题的认识

1.科技工作者对科研伦理规范和伦理原则的了解度不高

（1）不到四成科技工作者表示自己了解科研伦理规范

在问卷中，我们询问科技工作者"您对科研伦理规范了解程度如何"，结果显示，5.4%的科技工作者认为自己对科研伦理规范了解比较多，32.9%认为自己了解一些，二者合计为38.3%。

进一步分析发现，不从事科研工作、没有高级职称，以及在非中央级科研院所和企业工作的科技工作者，对科研伦理规范了解程度相对更低。具体而言，48.9%的科研人员认为自己对科研伦理规范有所了解（包括"了解比较多"和"有所了解"），高于从事非科研活动的科技工作者（28.6%）；60.5%的正高级职称科技工作者认为自己对科研伦理规范有所了解，高于副高级职称科技工作者（44.9%），也高于中级职称科技工作者（32.5%）；60.2%的985/211院校科技工作者的认为对科研伦理规范有所了解，高于医疗卫生机构科技工作者（58.7%）、中央级科研院所科技工作者（53.3%）、非985/211院校科技工作者

（48.3%），也高于非中央级科研院所科技工作者（35.5%）和企业科技工作者（22%）（图 5-8）。

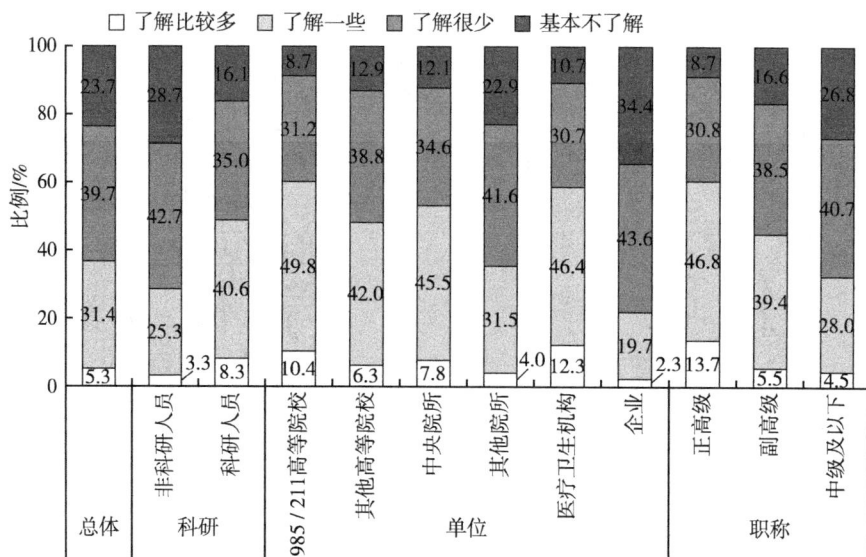

图 5-8　不同类型科技工作者对科研伦理规范了解情况的自我认知

与 2014 年相比，2020 年科研人员表示自己了解科研伦理规范的比例下降了。2020 年，48.9% 的科研人员认为自己对科研伦理规范有所了解（包括"了解比较多"和"了解一些"），低于 2014 年（55.9%）（图 5-9）。

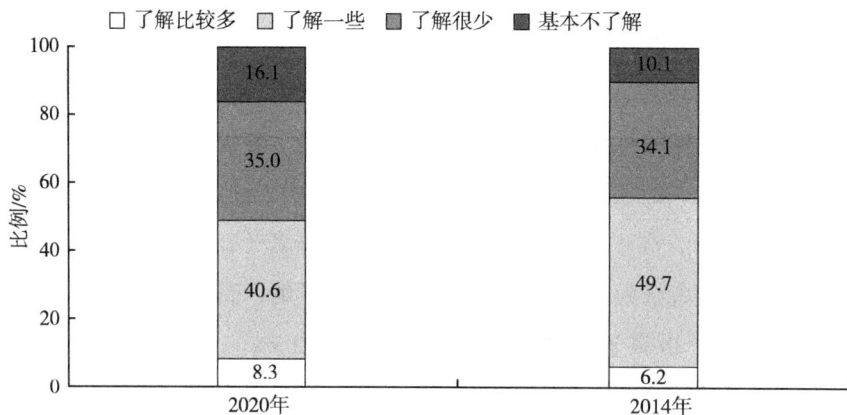

图 5-9　科研人员对科研伦理规范了解情况自我认知的变化

（2）不到四成科技工作者表示了解科研伦理关键原则，对各项伦理原则的了解程度与 2014 年相比有所下降

科技工作者对科研伦理原则的了解程度不高，仅 38.7% 的人对此次调查的科研伦理关键原则表示了解或非常了解。调查显示，10.1% 的科技工作者认为自己比较了解或非常了解"动物实验 3R 原则"，27.8% 的科技工作者认为自己比较了解或非常了解"知情同意原则"，32.9% 的科技工作者认为自己比较了解或非常了解"公正原则"。

进一步分析发现，与非科研人员相比，科研人员对科研伦理关键原则的了解程度都要更高。就"动物实验 3R 原则""知情同意原则""伦理审查原则"及"公正原则"四个伦理原则来看，非科研人员比较了解或非常了解的比例分别为 7.6%、23.4%、20.6% 和 28.7%，科研人员的比例依次为 13.7%、34.5%、31.9% 和 39.3%（图 5-10）。

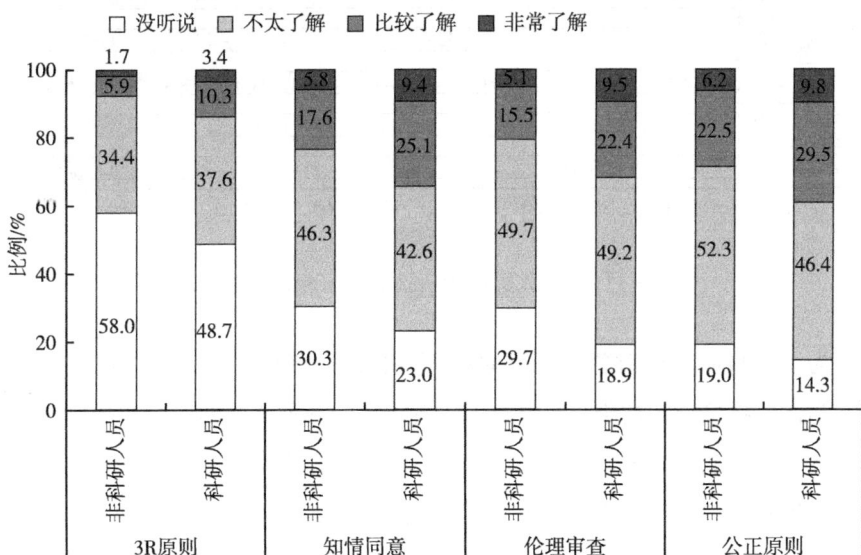

图 5-10　不同类型科技工作者对科研伦理原则的知晓情况

与 2014 年相比，2020 年科研人员表示对各项科研伦理关键原则的知晓比例呈下降趋势，一个可能的原因是接触伦理议题少的科研人员对自己的判断更谨慎了。2014 年，科研人员对"动物实验 3R 原则""知情同意原则""伦理

审查原则"及"公正原则"比较了解或非常了解的比例分别为 14.8%、45.6%、36.3% 和 71.9%，到 2020 年，科研人员对上述原则比较了解或非常了解的比例分别下降至 13.7%、34.5%、31.9% 和 39.3%，特别是"公正原则"，下降了 32.6 个百分点，如图 5-11 所示。2020 年，科研人员对各项科研伦理原则明确表示比较了解或非常了解的比例下降了，主要是因为"听说过但不太了解"的比例上升明显。除"3R 原则"，对于"知情同意""伦理审查"及"公正"三个原则，2020 年科研人员表示"听说过但不太了解该原则"的比例相对 2014 年均上升了，"公正原则"的比例上升幅度最大（23.8%）。

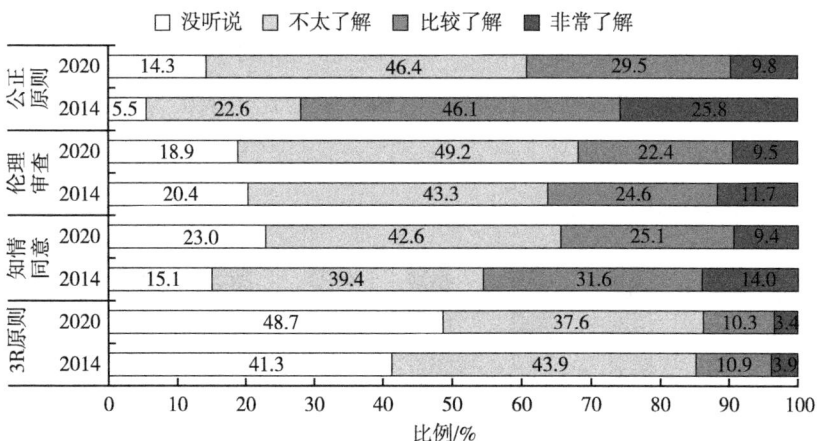

图 5-11　科研人员对科研伦理原则知晓情况的变化

为了解科研人员对各类关键原则知晓情况下降的原因，我们以"公正原则"为例，将接触人类研究对象这一伦理议题与科研人员对"公正原则"知晓情况的关系进行了分析。分析结果显示，2014 年经常接触该议题的科研人员表示"没听说过"和"听说过不太了解"该原则的比例分别为 5.1% 和 13.1%，2020 年该比例分别为 3.8% 和 10.4%。2014 年从没接触过该议题的科研人员表示"没听说过"和"听说过但不太了解"该原则的比例分别为 5.7% 和 25.1%，到 2020 年，该比例分别为 17.8% 和 49.4%；2014 年偶尔接触该议题的科研人员表示"没听说过"和"听说过不太了解"该原则的比例分别为 4.3% 和 16.0%，2020 年该比例分别为 5.0% 和 46.5%。2020 年经常接触该议题的科研人员对"公正原则"比较了解或非常了解的比例事实上要高于 2014 年，但是，相对 2014 年，2020 年从没接触或偶尔接触该议题的科研人员回答"听说过不太了解"的比例显著上升。这一现象也存在于其他关键原则方面。

（3）与 2014 年相比，2020 年医疗卫生机构科研人员对四个关键伦理原则的知晓比例均明显上升，但高等院校、企业等单位类型的科研人员则有明显下降

数据显示，相对 2014 年，2020 年医疗卫生机构科研人员对上述四个原则表示比较了解或非常了解的比例均上升了。其中，"3R 原则"提高了 8.9 个百分点，"知情同意原则"提高了 6.4 个百分点，"伦理审查原则"提高了 23 个百分点，"公正原则"提高了 2.3 个百分点（图 5-12）。医疗卫生机构科研人员对"伦理审查原则"的知晓比例上升最明显。

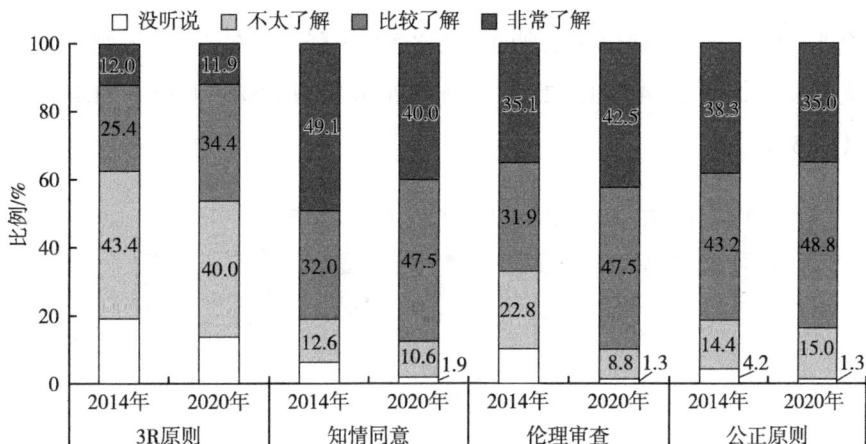

图 5-12　医疗卫生机构科研人员对科研伦理原则知晓情况的变化

高等院校科研人员对不同科研伦理原则的知晓情况表现不一。相对 2014 年，2020 年高等院校科研人员对"知情同意原则"及"公正原则"比较了解或非常了解的比例分别下降了 6.2 和 26 个百分点，对"3R 原则""伦理审查原则"比较了解或非常了解的比例分别上升了 2.4 和 2.7 个百分点，如图 5-13 所示。与 2014 年相比，2020 年高等院校科研人员表示对"公正原则"了解的比例下降最为明显。

企业科研人员对科研伦理原则的知晓比例均下降了。相对 2014 年，2020

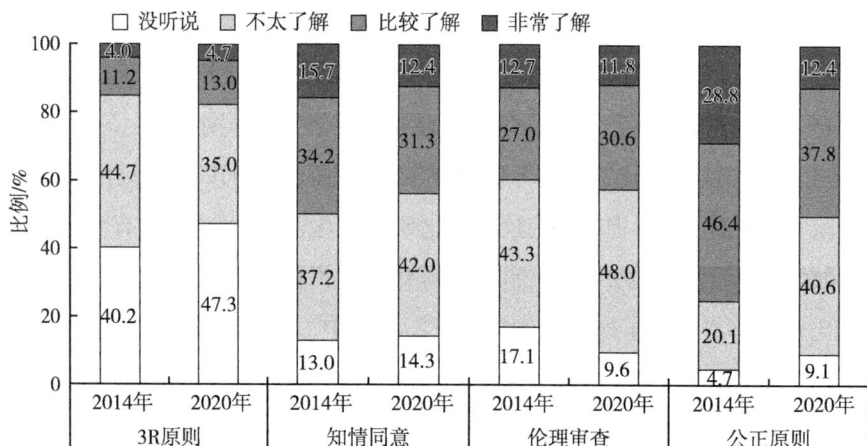

图 5-13　高等院校科研人员对科研伦理原则知晓情况的变化

年企业科研人员对科研伦理原则的知晓比例均下降了，在"公正原则"方面下降尤其明显，从 2014 年的 62.4% 下降至 2020 年的 24%，下降了 38.4 个百分点（图 5-14）。

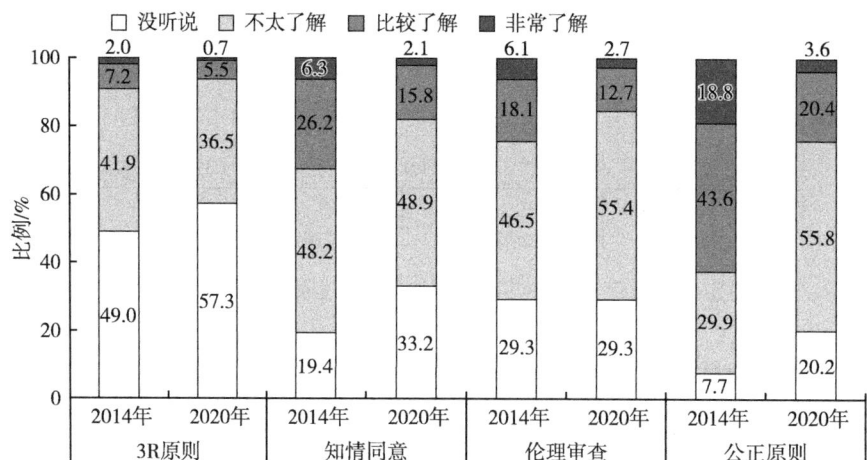

图 5-14　企业科研人员对科研伦理原则知晓情况的变化

2. 五成左右科技工作者认为有违科研伦理规范的现象危害较大

五成左右科技工作者认为有违科研伦理规范的现象危害较大。调查显示，科技工作者中认为"不注意保护人类研究对象权利""漠视动物福利""忽视科技活动对生态环境的不良影响""忽视科技活动对社会的不良影响"这四种典型的不符合科研伦理规范的现象危害很大或较大的比例分别为54.2%、46.2%、53.1%和44.4%。

与2014年相比，2020年科研人员认为上述四种违规现象危害很大或较大的比例下降了。其中，科研人员认为"忽视科技活动对生态环境的不良影响""忽视科技活动对社会的不良影响"这两种现象的危害很大或较大的下降比例明显，分别从2014年的87.6%和85.7%下降至2020年的58.2%和48.3%，下降了20个百分点左右，如图5-15所示。

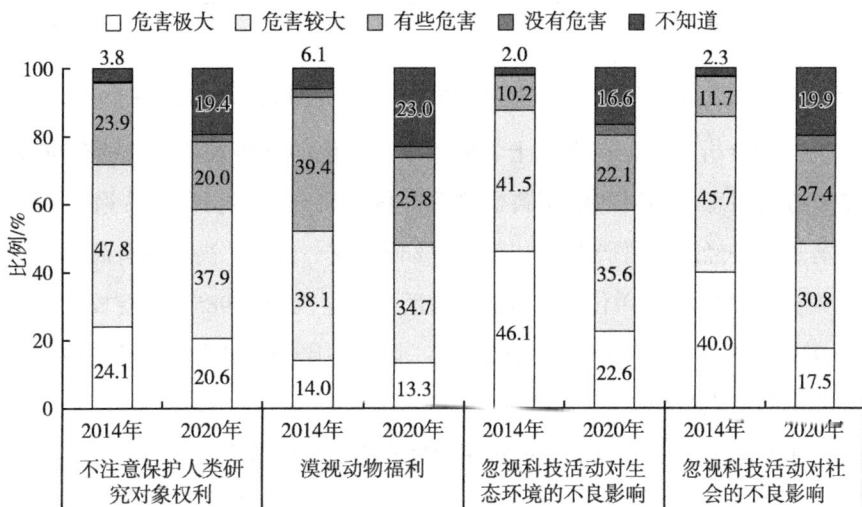

图5-15　科研人员对科研伦理问题普遍性感知的变化

（三）科研人员对伦理治理的总体态度及建议

1. 超八成科研人员认为科研伦理对科学研究的规范有积极作用

科研伦理通过一系列约束，进而促进科学研究更好地开展。图5-16给出了科研人员对"如果忽略了科研伦理，科学研究可能会误入歧途"这一说法的态度。由图5-16可知，2014年总共有89.7%（完全同意46.6%和比较同意43.1%）科研人员同意这一看法，而在2020年总共有85%（31.8%和53.2%）的科研人员同意这一看法。相较于2014年，2020年赞同科研伦理对科学研究的引导和规范作用的科研人员的比例略微下降了，但差别不大。

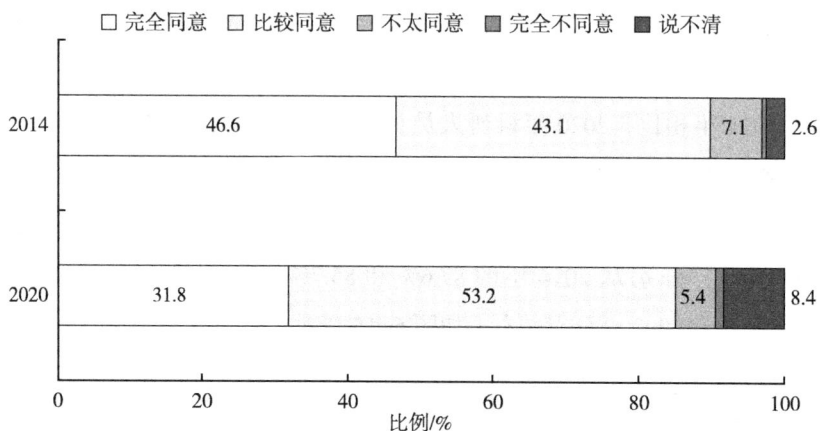

□ 完全同意　□ 比较同意　▨ 不太同意　▥ 完全不同意　■ 说不清

图 5-16　科研人员对"如果忽略了科研伦理，科学研究可能会误入歧途"这一观点的态度

进一步分析发现，在有博士学位和硕士学位的科研人员中分别有 90% 和 87.2% 的人同意"如果忽略了科研伦理，科学研究可能会误入歧途"这一说法。有过海外经历的科研人员中有 89.1% 同意这一说法，高于没有海外经历的科研人员（84.2%）。单位类型方面，在医疗卫生机构和 985/211 院校工作（分别为 93% 和 91.5%）的科研人员同意这一说法的比例明显高于在其他各单位类型工作的科研人员。

2. 超四成科研人员认为强调科研伦理会限制科学的发展

调查发现，不少科研人员认为过分强调科研伦理会限制科学的发展。图 5-17 给出了科研人员对"过分强调科研伦理会限制科研自由和科学发展"这一说法的态度。数据显示，2014 年分别有 5.4% 和 25.0% 的科研人员完全同意和比较同意"过分强调科研伦理会限制科研自由和科学发展"这一说法，总计为 30.4%，根据 2020 年调查数据，这一比例分别为 6.4% 和 36.3%，总计 42.7%。从 2014 年到 2020 年，同意"过分强调科研伦理会限制科研自由和科学发展"的科研人员比例上升超过了 10 个百分点。

不同群体的差异性方面，中级职称及以下、副高级职称和正高级职称的科研人员中分别有 45.5%、38.1% 和 38.6% 同意"过分强调科研伦理会限制科研自由和科学发展"这一说法，2014 年这三个比例分别为 33.3%、27.6% 和 25.5%，正高级

□ 完全同意　□ 比较同意　■ 不太同意　■ 完全不同意　■ 说不清

2014	5.4	25.0	48.6	15.6	5.4
2020	6.4	36.3	33.6	7.5	16.1

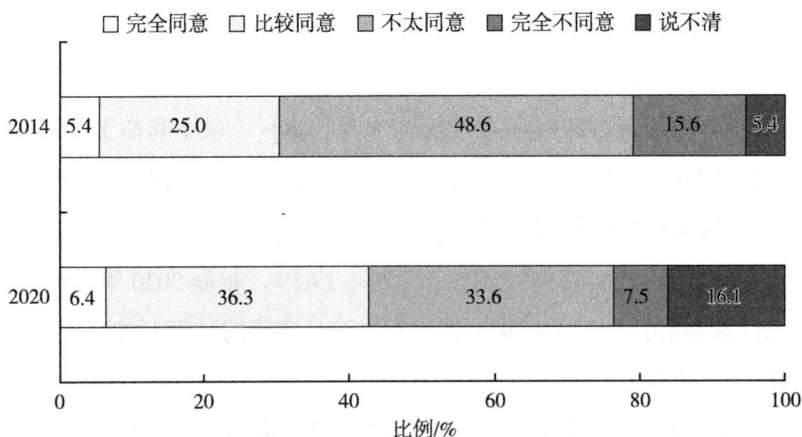

图 5-17　科研人员对"过分强调科研伦理会限制科研自由和科学发展"这一观点的态度

职称的科研人员赞同的比例最低。2020 年，大专及以下、本科、硕士和博士科研人员中分别有 46.4%、46.4%、44.5% 和 38.4% 同意这一说法，2014 年这四个比例分别为 29.5%、32.1%、31.7% 和 28.0%。2020 年，在其他类型单位工作的科研人员中，在医疗卫生机构工作的科研人员赞同这一说法的比例最低（34%）。

图 5-18 给出了科研人员对 "强调科研伦理是西方国家束缚中国科技进步的手段" 这一说法的态度。从图 5-18 可知，在 2014 年分别有 4.3% 和 11.5% 的科研人员表示完全同意或比较同意这一说法，总计为 15.8%；而到 2020 年，分别有 4.5% 和 22.0% 的科研人员表示完全同意或比较同意这一说法，总计

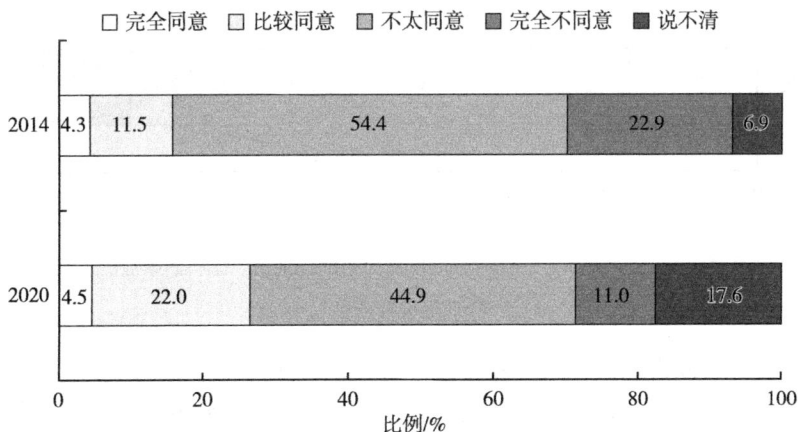

□ 完全同意　□ 比较同意　■ 不太同意　■ 完全不同意　■ 说不清

2014	4.3	11.5	54.4	22.9	6.9
2020	4.5	22.0	44.9	11.0	17.6

图 5-18　科研人员对"强调科研伦理是西方国家束缚中国科技进步的手段"这一观点的态度

为 26.5%。显而易见，从 2014 年到 2020 年，相信这一说法的科研人员的比例上升了 10 个百分点。

进一步分析发现，2014 年在学历为大专、本科、硕士和博士的科研人员中分别有 20.2%、17.5%、16.7% 和 12.8% 完全同意或比较同意"强调科研伦理是西方国家束缚中国科技进步的手段"这一说法，而这四个比例在 2020 年均有明显上升，分别为 42.9%、33%、27.2%、19.2%。根据 2020 年的调查数据，在 985/211 院校和医疗卫生机构工作、有过海外经历的科研人员同意这一看法的比例更低，分别为 17.9% 和 21.2%。

3. 超七成科研人员认同加强科研伦理规范对科研事业的积极作用

此次调查询问了科研人员对加强科研伦理规范对促进中国科研事业发展的态度。从图 5-19 可知，2014 年分别有 27.2% 和 60.6% 的科研人员完全同意或比较同意"加强科研伦理规范有助于促进中国科研事业的发展"这一说法，总计为 87.8%；2020 年这一比例分别为 17.7% 和 60.5%，总计为 78.2%，相较于 2014 年，下降了超过 10 个百分点。

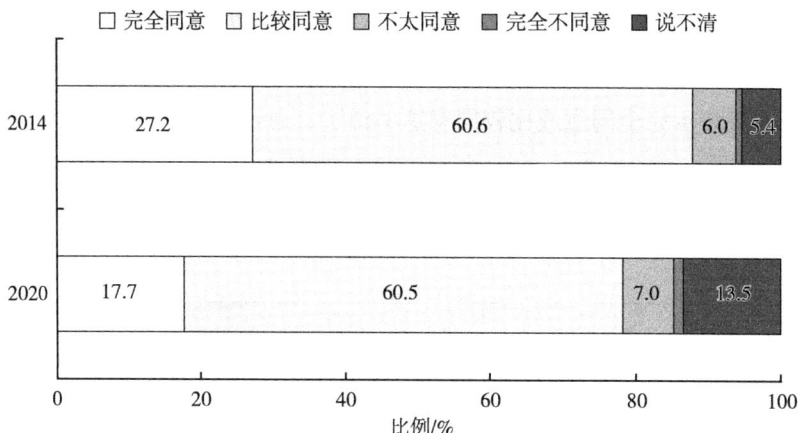

图 5-19　科研人员对"加强科研伦理规范有助于促进中国科研事业的发展"
这一观点的态度

进一步的分析发现，学历为博士、硕士、本科、大专及以下的科研人员中分别有 83.3%、78.9%、73.8% 和 60.9% 完全同意和比较同意"加强科研伦理规范有助于促进中国科研事业的发展"这一说法。可见，学历越高的科研人员更加倾向于认为科研伦理规范对科研事业的促进作用。2014年，这一比例分别为88.3%、88.6%、87.3%和86.5%。相较于2014年，不同学历的科研人员内部出现了明显的分化。

（四）科研人员对加强伦理治理的建议

在调查问卷中我们询问了科研人员认为加强我国科研伦理的治理最紧迫的任务。由图5-20可知，科研人员认为当前最紧迫任务的前四项分别是：健全法律、法规和规范（33.4%）、加大对违规行为的惩罚力度（17.9%）、改进评价标准和体系（16.3%）、加强教育培训（12.9%）。

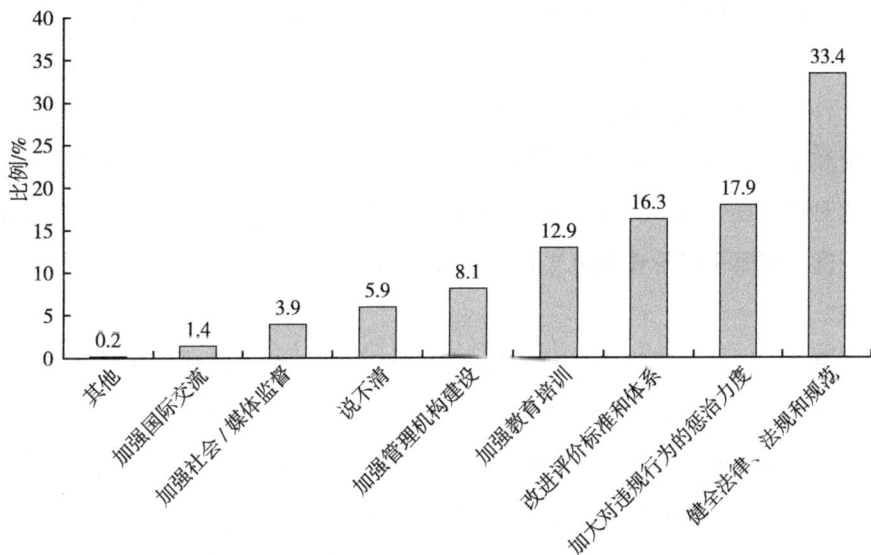

图5-20　科研人员对加强科研伦理治理的建议

（五）小结与政策建议

本专题主要分析了当前科技工作者对科研伦理的认知情况。具体包括科技工作者对科研伦理事件的关注度，对科研伦理规范和关键原则的了解，以及对典型违反科研伦理规范危险性的认知，并在科研人员群体中与2014年进行了比较分析。整体来看，科技工作者对科研伦理事件的了解情况并不好。与2014

年相比，2020 年科研人员对科研伦理规范及原则的了解甚至还有所下降。科技工作者对科研伦理规范的知晓情况也不容乐观，了解程度偏低，其中，2020 年科研人员对科研伦理规范的知晓相对 2014 年有所下降。科技工作者对科研伦理关键原则的认识情况有所差异。

针对上述发现，特提出以下建议。

第一，相关学术团体和科研单位等各类机构应加强对科研伦理规范、原则的宣传力度，充分发挥大众媒体的宣传作用。一是涉及科研伦理的学术团体、科研单位等可以通过各类渠道加强对伦理规范、原则的宣传，弘扬尊重科研伦理的风气，让科技工作者置身于重视科研伦理的大环境中，从而有压力和动力遵循科研伦理规范，同时提升自己对科研伦理的认知水平。二是新闻媒体需要加强对科研伦理规范及原则的宣传，通过各类宣传片、教育片，普及科研伦理知识及加强伦理的作用和意义。三是完善科研伦理规范的传播渠道和途径，搭建完整的传播体系，传播正确的科研伦理知识和理念。四是强化对相关媒体从业人员科研伦理规范的培训，充分发挥媒体人的力量，促进正确、健康科研伦理规范知识的传播，帮助民众更好地理解科研伦理规范知识。

第二，针对不同类型科技工作者对科研伦理规范、原则的认知水平，采取有针对性的措施来提升他们对伦理规范、原则的知晓程度。一是对于科研人员，应该深化他们对科研伦理规范和原则的认识，不能仅停留在诚信、道德等概念层面，应该更加具象化及丰富他们的主观认知，形成自己的判断。二是针对企业等单位类型科技工作者整体认知水平不高的情况，要加强工作期间的培训，使得这部分科技工作者能将伦理认知与具体工作结合起来，工作与认知相互促进。三是充分利用各类线上学习平台，建立健全科研人员线上学习机制。四是制定定期培训制度，针对近期新出现的科技风险及其案例进行集中分享和学习。

第三，提高科技工作者对各类伦理议题的敏感性。一是从增加自然科学及其他涉及伦理领域的科研伦理课程，加强在校学生的科研伦理意识，形成基本伦理意识判断。二是在涉及伦理议题的单位设立伦理审查委员会，运用制度化的形式去加强科技工作者们对日常工作中涉及伦理议题的认知。三是增加工作中的培训，将国际与国内涉及伦理议题的案例与科技工作者的实际工作结合起来，进行有针对性的培训，提高科技工作者对伦理议题的敏感性。

第四，构建更加丰富和健全的伦理规范体系。一是动员各专业力量参与编撰统一的、标准的伦理规范内容，建设新体系。二是充分挖掘科研伦理规范对科研事业的促进效应，理顺科研伦理与科学活动的关系，明确科研伦理的积极价值和意义。三是注重实践经验，对出现的违背科研伦理案例进行充分分析，以伦理规范来约束和引导科学活动的有序开展。

四、科技工作者的科研伦理行为

（一）科技工作者工作中接触伦理议题的情况

1. 近三成科技工作者日常工作中经常涉及科研伦理议题

（1）科技工作者日常工作中经常接触各类具体伦理议题的机会不多

科研伦理主要包括四个维度：涉及人、涉及动物、涉及环境、涉及社会。本次调查从四个方面列举了七种情形，即：①涉及人类研究对象（受试者）；②需要使用实验动物；③会涉及他人隐私；④工作过程中存在着电磁辐射、材料毒性、噪声影响、光线污染等可能危害人身安全（包括对科研人员及受试者）的情况；⑤研发过程中产生废水或废气、废料等；⑥可能对生态环境产生影响；⑦可能对公共安全或公共利益产生影响。调查中，询问受访者在日常工作中是"从没碰到""偶尔碰到"，还是"经常碰到"上述七种情况（表5–3）。具体来看，12.3%的科技工作者日常工作会经常接触研发过程中产生废水、废气或废料的情况，占比最高，依次是存在电磁辐射等可能危害人身安全（包括科研人员及受试者）（10.2%）、需要使用实验动物（8.5%）、对生态环境产生影响（7.6%）、涉及人类研究对象（受试者）（6.2%）、涉及他人隐私（6.0%），对公共安全或公共利益产生影响的比例最低（4.2%）。

表 5-3　科技工作者日常工作中接触伦理议题的情况（%）

	从没碰到	偶尔碰到	经常碰到	不知道 / 不愿回答
工作过程中存在着电磁辐射等可能危害人身安全（包括对科研人员及受试者）的情况	45.2	38.6	10.2	5.9
研发过程中产生废水、废气或废料等	48.0	33.2	12.3	6.5
可能对生态环境产生影响	50.0	35.0	7.6	7.4
会涉及他人隐私	58.9	27.9	6.0	7.2
可能对公共安全或公共利益产生影响	59.3	28.4	4.2	8.2
需要使用实验动物	66.5	19.5	8.5	5.5
涉及人类研究对象（受试者）	68.6	18.9	6.2	6.3

科研人员更可能在日常工作中接触各类科研伦理议题。关于"需要使用实验动物""在工作过程中存在电磁辐射等危害人身安全（包括对科研人员及受访者）的情况""研发过程中产生废水、废气或废料等"及"可能对生态环境产生影响"等伦理议题，科技工作者经常接触的比例分别为 8.5%、10.2%、12.3% 和7.6%，而在科研人员中，上述四个比例分别为 12.6%、14%、20.2% 和 10.8%。

（2）近三成科技工作者日常工作中会经常接触科研伦理议题，低于 2014 年

数据显示，2014 年 44.4% 的科技工作者日常工作经常接触上述七种情况中的一种，到 2020 年，28.7% 的科技工作者会经常接触至少一种伦理议题。

进一步分析发现，与 2014 年相比，2020 年从事科研、在医疗卫生机构工作的科技工作者日常工作中经常接触至少一项科研伦理议题的比例更低。具体来看，2014 年，有 48% 的科研人员经常接触至少一项伦理议题，非科研人员为 35.2%；2020 年，该比例在科研人员中降至 38.4%，非科研人员为 22.1%。2014 年，在医疗卫生机构工作的科技工作者日常工作中至少经常接触一类伦理议题的比例占 57.1%，依次是科研院所（45.1%）、高等院校（41.5%）、企业（42.1%），其他单位类型最低（36.7%）；2020 年，在医疗卫生机构工作的科技工作者经常接触各类伦理议题的比例最高（55.3%），依次是 985/211 院校

（41.9%）、中央院所（36.3%）、其他高等院校（28.8%）、其他院所（27.0%）、企业（23.0%），其他单位类型最低（15.7%）。

2. 科技工作者日常工作涉及科研伦理议题越频繁，对科研伦理了解越深入

（1）日常工作中经常接触科研伦理议题的科技工作者对各类科研伦理原则的了解程度并不高

数据显示，经常接触科研伦理议题的科技工作者对动物 3R 原则、尊重人类研究对象（受试者）的自主权、尊重人类研究对象（受试者）的隐私权、有利原则、公正原则比较了解或非常了解的比例分别为 21.6%、47.9%、50.4%、37.8% 和 53.8%，明显高于不经常接触科研伦理议题的科技工作者（相应比例分别为 5.5%、18.3%、21.2%、13.6% 和 35.1%）。同时，经常接触各类科研伦理议题的科技工作者对上述原则表示"没听说过"和"听说过但不太了解"的比例分别为 78.4%、52.1%、49.6%、62.2% 和 46.2%（图 5-21），这暴露出本

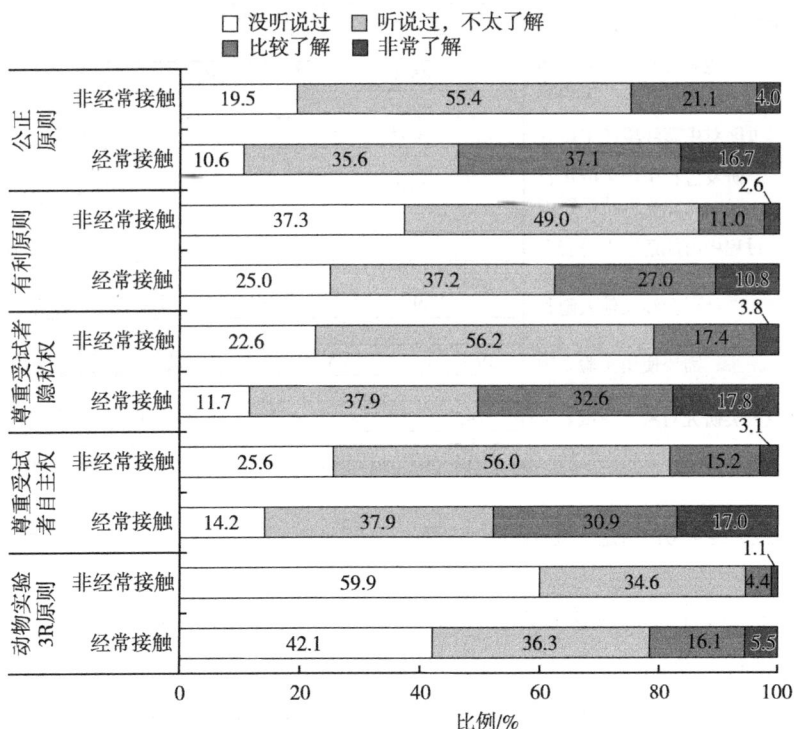

图 5-21　不同伦理议题接触题程度的科技工作者对各类科研伦理关键原则的知晓情况

应对各类伦理原则比较了解的经常接触科研伦理议题的科技工作者，还存在比较普遍的应知未知问题。

（2）日常工作中经常接触特定领域伦理议题的科技工作者对该领域科研伦理原则的了解程度不高

数据显示，仅47.0%的日常工作经常接触实验动物的科技工作者对动物实验3R原则比较了解或非常了解。分析发现，科技工作者日常所接触的伦理议题与生命体相关，对该原则的了解比例就相对高一些。具体来看，对动物实验3R原则比较了解或非常了解比例排前三位的伦理议题领域分别是：经常使用实验动物（47.0%），经常涉及人类研究对象（37.9%），经常涉及他人隐私（26.4%）（图5-22）。

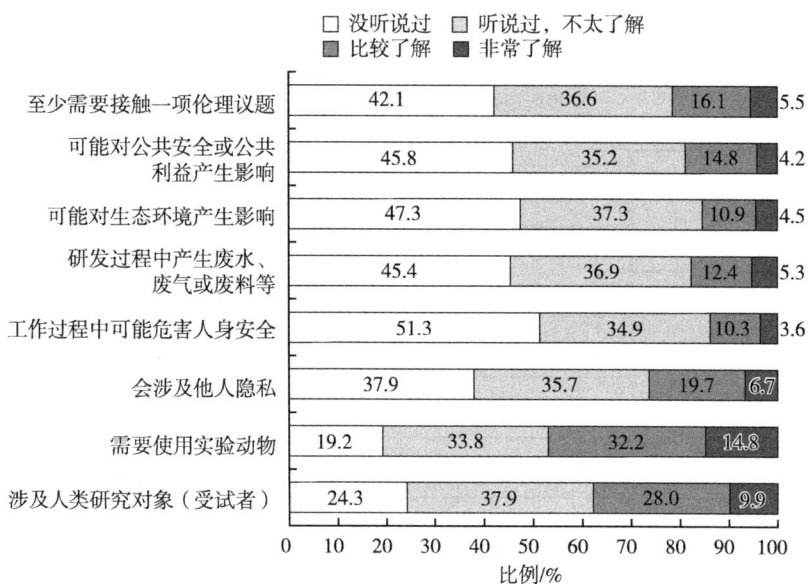

图 5-22　经常接触特定领域科研伦理议题的科技工作者对动物实验3R原则的知晓情况

日常工作中经常涉及人类研究对象的科技工作者对尊重原则、有利原则和公正原则这三个原则的了解比例更高。如图5-23所示，科技工作者对尊重人类研究对象（受试者）自主权的知晓情况，83.2%的科技工作者在日常工作中经常涉及人类研究对象的人对尊重人类研究对象（受试者）的自主权比较了解

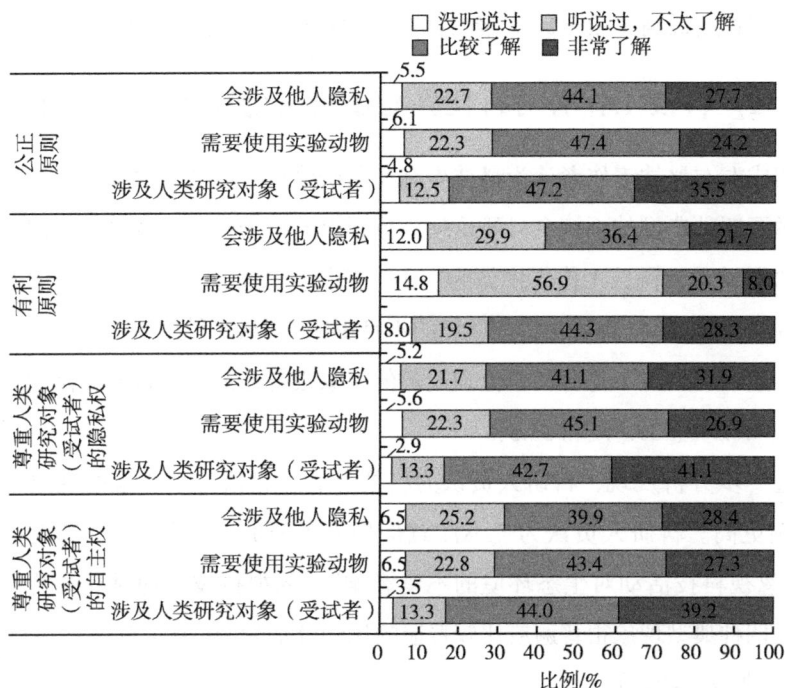

图 5-23 经常接触各类伦理议题的科研人员知晓科研伦理关键原则的情况

或非常了解，要高于日常工作中经常接触实验动物（70.7%）、经常涉及个人隐私（68.3%）等类型的科技工作者。

就尊重人类研究对象（受试者）隐私权的了解程度来看，日常工作中经常涉及人类研究对象的科技工作者，83.8% 的人对尊重人类研究对象（受试者）的隐私权比较了解或非常了解，要高于日常工作中经常涉及个人隐私（73%）、经常接触实验动物（72%）等类型的科技工作者。

与经常接触其他类型伦理议题科技工作者相比，经常接触人类研究对象的人对有利原则比较了解或非常了解的比例占 72.6%，高于日常工作中经常涉及他人隐私（58.1%）、经常使用实验动物（57.4%）等类型的科技工作者。

就科技工作者对公正原则的了解情况来看，日常工作中需要经常接触人类研究对象、实验动物或他人隐私的科技工作者，均有超过 70% 的人对公正原则比较了解或非常了解。其中，经常接触人类研究对象的科技工作者对公正原则的了解程度最高（82.7%），经常接触实验动物的最低（71.6%）。

（二）科技工作者对科技界有违科研伦理规范现象的判断

四成左右科技工作者认为科技界有违科研伦理规范的现象较普遍。本次调查列举了四种典型的不符合科研伦理规范要求的行为让受访者判断它们的普遍性。数据显示，科技工作者中认为"不注意保护人类研究对象权利""漠视动物福利""忽视科技活动对生态环境的不良影响""忽视科技活动对社会的不良影响"这四种典型不符合科研伦理规范的现象很普遍或比较普遍的比例分别为38.1%、46.1%、39.4% 和 31.5%。

进一步分析发现，科研人员认为科技界有违科研伦理规范的现象较普遍的比例更高。科研人员认为"不注意保护人类研究对象权利""漠视动物福利""忽视科技活动对生态环境的不良影响""忽视科技活动对社会的不良影响"这四种典型现象很普遍或比较普遍的比例分别为 39.2%、52.1%、41.5% 和32.5%，如图 5-24 所示。

与 2014 年相比，2020 年科研人员认为科技界不符合科研伦理规范现象的较普遍的比例下降了。2014 年，科研人员认为"不注意保护人类研究对象权利""漠视动物福利""忽视科技活动对生态环境的不良影响""忽视科技活动

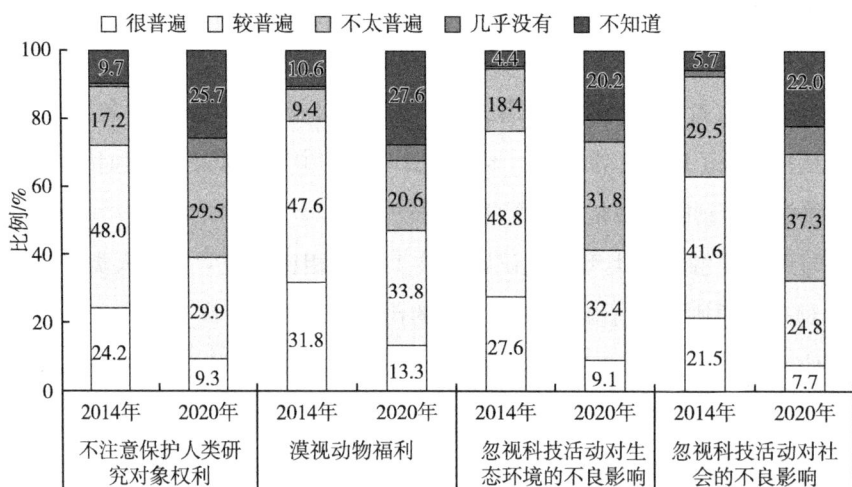

图 5-24　科研人员对科研伦理问题普遍性的感知

对社会的不良影响"这四种现象很普遍或较普遍比例分别为 72.2%、79.4%、76.4%、63.1%，较 2020 年，高出约 30 个百分点。

图 5-25 给出了科研人员对"如果某项研究存在严重伦理问题但科研前景很好，即使我不做，别人也会去做"的态度。2014 年分别有 10.0% 和 33.8% 的科研人员完全同意和比较同意"如果某项研究存在严重伦理问题但科研前景很好，即使我不做，别人也会去做"这一说法，总计 43.8%；2020 年这一比例分别为 5.8% 和 33.7%，总计 39.5%。2020 年同意这一说法的比例比 2014 年下降了 3.7 个百分点。2020 年，在企业工作的科研人员有 46.0% 同意这一说法，高于在其他单位工作的科研人员。

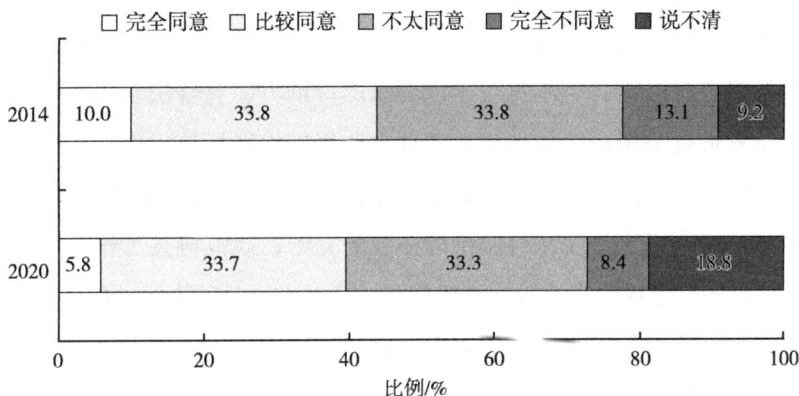

图 5-25　科研人员对"违背科研伦理活动"的行为选择的态度

（三）小结与政策建议

本专题通过对科技工作者日常工作中接触科研伦理议题的情况及行为表现进行了分析，并探讨了科技工作者的科研伦理意识。分析结果显示：科技工作者在工作中涉及人、动物及个人隐私等方面伦理规范的活动较频繁，且日常工作中接触各类科研伦理议题越频繁，其对相应规则的了解程度也越高。这说明科技工作者更多是在涉及业务时才被动去了解相应伦理原则，主动去了解各项科研伦理原则的动力不足。

造成上述问题的原因比较复杂和多元，既有自身的科研伦理意识较差、外在的科研伦理管理制度缺乏的情况，又存在社会的普遍伦理意识较低、教育培训方面的欠缺等。基于此，提出如下建议。

第一，加强对科技工作者的科研伦理教育与普及，提高科技工作者的伦理意识。一是通过加强高等院校本硕博的伦理课程教育，通过系统性教学，让在校学生对伦理有一个整体性认识。二是加强工作期间的伦理培训，加强科技工作者对工作领域伦理意识的认知。科研伦理意识的养成是一个量变到质变的过程，只有达到一定程度，才能影响其科研伦理行为。三是提高科技工作者对研究参与者权益保护相关伦理原则和法律规范的了解，从认知的层面增强科技工作者尊重和保护受试者的意识。

第二，加强政府、社会、媒体、组织结构的监督，避免科技工作者被动接受违背科研伦理而产生的压力。一是规范各类项目资助方的行为，对于因提供项目资金就提出各类不符合伦理要求的资助方，有合法合规的途径方便科技工作者进行举报；二是加强各类社会监督，使得科技工作者所受到的伦理压力能够外化，让科技工作者变被动为主动，有合法途径表达自身压力。

第三，加大惩治力度和科研伦理体系的完善，规范科技工作者的行为表现。一是对各类违规行为按级别进行分类，视对人、对动物、对社会、对环境造成影响的规模或严重程度，给予相应的处罚。二是要加强立法，用各类法律来规范并约束科技工作者的行为，而非一味要求科技工作者自觉遵守。三是加快推进落实强化高等院校、科研院所、医疗卫生机构等单位科研伦理管理主体责任的各项改革举措，完善科研伦理审查机制、审查机构能力建设，提高伦理审查管理的覆盖率、专业性和可及性。

五、科研伦理教育与培训

本次调查发现，科技工作者的科研伦理知识，系统化、专业化的科研伦理教育体系和知识传播渠道建设比较滞后，亟须大力加强科研伦理教育，全面提升科技工作者科研伦理素养。

（一）科技工作者科研伦理知识的来源

1. 科技工作者科研伦理知识获取渠道多元，新闻宣传和自学是最主要的两个渠道

（1）科技工作者获取科研伦理知识最主要的渠道是新闻媒体宣传、自学及单位培训

图 5-26 数据显示，科技工作者日常获取科研伦理知识的渠道依次是新闻媒体宣传（53.6%）、自己看材料自学（42.9%）、工作期间接受单位培训（39.3%）、同事/朋友等言传身教（36.5%）、导师言传身教（25.2%）、读书期间学校的课程（23.1%）、工作期间接受学术团体/学会的培训（23%）、其他渠道（5.5%）。值得注意的是，还有 4.1% 的人没有获得过。可以看出，学校提供的系统化教育明显不足。2014 年，科技工作者获取科研伦理规范知识排前三位的依次为新闻媒体宣传（58.9%）、自己看材料自学（43.2%）、工作期间接受单位培训（30.8%）。

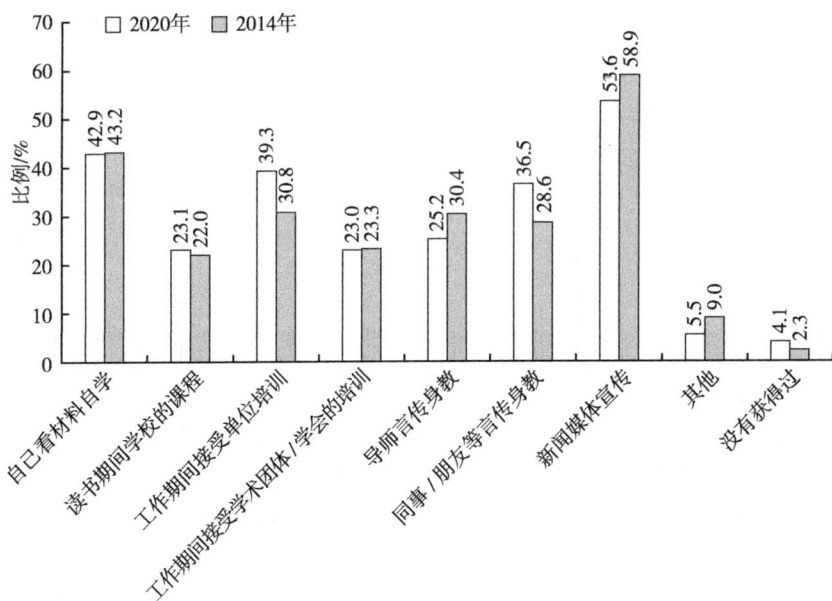

图 5-26　科技工作者获取科研伦理知识的渠道

进一步分析发现，不同教育程度及单位类型的科技工作者获取科研伦理知识的渠道存在一定差异。就教育来看，博士学位的科技工作者获取科研伦理知识渠道排前三的分别是新闻媒体宣传（57.0%）、导师言传身教（53.8%）和自己看材料自学（51.5%）；硕士学位或本科学位的科技工作者排前三位的分别是新闻媒体宣传（53.3% 和 54.9%）、自己看材料自学（43.5% 和 40.4%）和工作期间接受学术团体 / 学会的培训（42.7% 和 34.3%）；最高学历为大专及以下的科技工作者排前三位的分别是新闻媒体宣传（44.1%）、同事 / 朋友等言传身教（37.2%）和自己看材料自学（34.1%）。

（2）医疗卫生机构科技工作者接受科研伦理培训的最主要渠道是工作期间接受培训，且应用该渠道的比例相对 2014 年上升了

如图 5-27 所示，与其他单位类型不同，医疗卫生机构科技工作者获取科研伦理知识的渠道排前三位的分别是工作期间接受培训（58.5%）、自学（43%）和读书期间学校的课程（36.6%）。工作期间培训是其第一渠道。就高等院校、科研院所及企业等类型的单位来看，科技工作者获取科研伦理知识的渠道排前三位的都是新闻媒体宣传、自己看材料自学和工作期间接受培训。这可能与医疗卫生机构所面对的服务对象有关，由于日常工作经常涉及人，需要

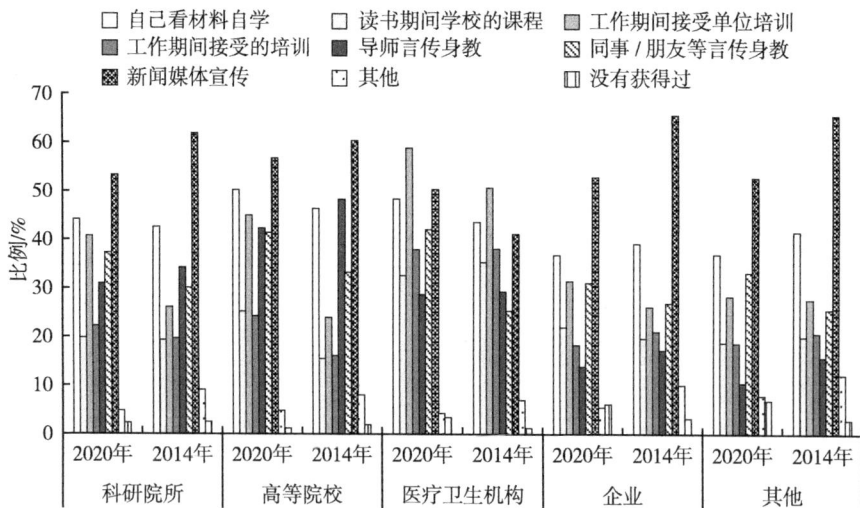

图 5-27　不同单位类型的科技工作者获取科研伦理知识的渠道

更多科研伦理知识来规范工作者行为有关。2014年，医疗卫生机构科技工作者获取科研伦理知识的渠道排前三的分别是工作期间接受培训（50.7%）、自学（43.6%）和新闻媒体宣传（41.2%）。

（3）工作期间培训这一渠道的重要性有所上升

与2014年相比，2020年科研人员获得科研伦理规范知识的渠道仍以新闻媒体宣传和自学为主，但工作期间培训这一渠道的重要性有所上升。2014年，科研人员获得科研伦理规范知识的渠道排前三的依次是：新闻媒体宣传（59.5%）、自学（45.1%）和导师言传身教（40.4%）。2020年，科研人员获得伦理规范排前三的渠道主要为新闻媒体宣传（52%）、自学（44.6%）和工作期间接受培训（31.8%）。

2. 科技工作者接受系统化、专业化科研伦理教育不够

（1）伦理课程能显著提升科技工作者的科研伦理认识水平，但不足三成科技工作者上过专门的伦理课程

数据显示，在科技工作者中，参加过专门的科研伦理课程的人中有65.3%认为自己对科研伦理比较了解或有所了解，远高于没有参加过相关课程的科技工作者（24.8%）。但数据显示，只有24.1%的科技工作者参加过专门的科研伦理课程。

进一步分析发现，36.3%博士学位的科技工作者、33.2%硕士学位的科技工作者接受过相关的科研伦理课程，明显高于只有学士学位的科技工作者（19.6%）。这意味着，研究生阶段开设了更多的科研伦理课程，但博士阶段并没有增加更多的科研伦理课程。同时，在不同类型单位工作的科技工作者在接受相关的科研伦理课程方面存在明显差异。62.8%的医疗卫生机构科技工作者参加过相关的科研伦理课程，其他科技工作者都在40.0%以下——985/211院校（33.7%）、非985/211院校（31.7%）、中央级科研院所（22.3%）、非中央级科研院所（19.3%）和企业（15.7%）。医疗卫生机构"一枝独秀"，其他单位基本类似，这一格局意味着单位类型之间主要体现的是科技工作者专业和工作内容的差异。

（2）单位培训能够提升科技工作者科研伦理认识水平，但不足三成科技工

作者接受从单位组织的培训中获得过科研伦理

调查中，我们对于认为自己对科研伦理了解很多、了解一些和了解很少的人（占科技工作者总数的76.3%），进一步了解了其知识来源。数据显示，在这些人当中，只有29.1%的人从单位组织的培训中获得过科研伦理知识，也就是说在科技工作者中，大约有22.2%（$0.763 \times 0.291 \approx 0.222$）的人从单位组织的培训中获得过科研伦理知识。但分析发现，单位组织的科研伦理培训对于提高科技工作者的科研伦理认识水平有非常显著的作用。具体而言，工作期间参加过单位组织的科研伦理培训的人中有69.2%认为自己对科研伦理了解比较多或了解一些，远高于没有从单位组织的培训中获得过科研伦理知识的科技工作者（30.8%）。

（3）超四成科技工作者明确表示希望获得科研伦理培训，医疗卫生机构科技工作者需求最强烈

数据显示，44.5%的科技工作者希望获得科研伦理方面的培训。进一步分析发现，47.1%的科研人员希望获得科研伦理相关方面的培训，高于不从事科研活动的科技工作者（42.8%）。同时，67.3%的医疗卫生机构科技工作者希望获得科研伦理相关方面的培训，远高于其他科技工作者。

（二）科技工作者对科研伦理教育的评价与需求

1. 接受过科研伦理相关课程的科技工作者认为课程的系统性和实用性较强，趣味性有待进一步提高

（1）超七成参加过科研伦理专门课程的科技工作者认为所接受的科研伦理课程系统性较强

调查显示，在接受过相关科研伦理课程的科技工作者中，18.3%的人认为课程的系统性很强，56.6%的人认为课程系统性较强。

进一步分析发现，博士学位从事科研工作的科技工作者认为课程系统性很强的比例更高。81.7%的博士学位的科技工作者认为所学课程系统性很强，然后是硕士学位（73.6%）、本科学位（78.8%）的科技工作者；科研人员认为接受科研伦理课程系统性较强或比较强的比例占80.7%，高于非科研人员（68.1%）。

（2）七成参加过科研伦理专门课程的科技工作者认为所接受的科研伦理课程的实用性较强

数据显示，在接受过相关科研伦理课程的科技工作者中，20.9%的科技工作者认为所接受课程的实用性很强，49.7%的人认为课程实用性较强。

具体来看，从事科研、在科研院所工作的科技工作者认为科研伦理课程比较实用或很实用。73.7%的科研人员认为所接受课程比较实用或很实用，高于非科研人员（67.7%）；科研院所的科技工作者认为课程比较实用的比例（77.8%）要高于企业（72%）等其他类型的单位。

（3）超四成参加过科研伦理专门课程的科技工作者认为所接受的科研伦理课程的趣味性较强

调查显示，在接受过相关科研伦理课程的科技工作者中，10.7%的科技工作者认为所接受的课程趣味性很强，33.4%的人认为较强。

进一步分析发现，正高级职称、其他单位类型的科技工作者认为所接受课程的趣味性更强。61.5%的正高级职称科技工作者认为所接受课程趣味性比较强或很强，远高于副高级职称（35.8%）或中级职称及以下（43.8%）的科技工作者；其他单位类型的科技工作者认为所接受的课程趣味性较强或很强的占比依次是企业（53.3%）、科研院所（47.8%）、高等院校（46.9%），医疗卫生机构最低（34.1%）。

2. 科技工作者对科研伦理培训的需求较高，主要是希望进行案例剖析、政策/规范的介绍解读

（1）科技工作者对科研伦理培训的需求较高

数据显示，近五成（44.5%）科技工作者希望获得科研伦理方面的培训，另有21%的人认为不需要培训。

进一步分析发现，医疗卫生机构里对科研伦理知识了解程度越高的科技工作者对科研伦理的培训需求越强烈。按单位类型来看，医疗卫生机构（67.3%）的科技工作者对科研伦理培训需求最高，依次是985/211院校（49.7%）、其他高等院校（49.6%）、其他院所（44.9%）、中央院所（42.8%）、企业（37.9%），其他单位最低（35.7%）。对科研伦理知识了解程度低的科技工作者，其接受科研伦理培训的意愿也低。以对各类科研伦理原则的了解程度来看，在没有听说过"动物实验 3R 原则"的科技工作者中，有 38.9% 的人表示希望获得科研伦理培训，低于听说过但不太了解这一原则的人（47.4%），更低于对这一原则比较了解的人（65.9%）；在没有听说过"知情同意原则"的科技工作者中，有 28.8% 的人表示希望获得科研伦理培训，低于听说过但不太了解这一原则的人（44.2%），更低于对这一原则比较了解的人（59.4%）。鉴于科技工作者的工作直接或间接与科研伦理有关，且对公众关于科研伦理的认知和态度有一定的示范作用，这种不想了解、不愿了解科研伦理知识的态度值得注意。

（2）科技工作者更期望获得针对案例剖析、政策 / 规范的介绍解读等方面的培训

如图 5-28 所示，超七成科技工作者希望获得违反伦理规范的案例剖析、政策 / 规范的介绍和解读等方面的培训。科技工作者期望获得的培训内容排前三位的分别是：违反科研诚信 / 伦理规范案例剖析内容（71.6%）、政策 / 规范介绍和解读方面的内容（70.7%）、我国科研伦理 / 诚信的形式分析（59.4%）。

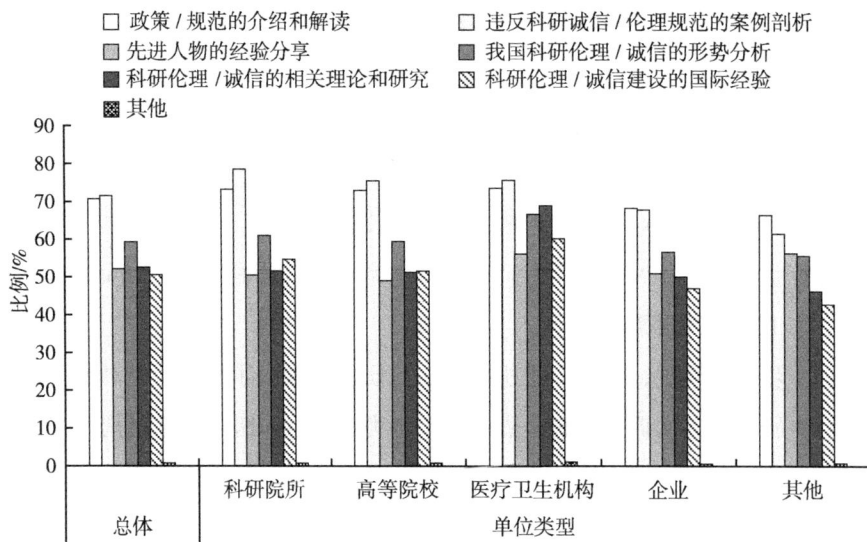

图 5-28　不同单位类型的科技工作者对培训 / 学习内容的需求

进一步分析发现，科研院所对违反科研诚信/伦理规范的案例剖析的需求最强烈（78.6%），依次是医疗卫生机构（75.8%）、高等院校（75.6%）、企业（67.9%），其他单位需求略低（61.5%）。医疗卫生机构、科研院所和高等院校的科技工作者对政策/规范的介绍和解读的需求都较强烈，分别为73.6%、73.3%和73.0%，高于企业和其他单位。

对于科研伦理/诚信的相关理论和研究、我国科研伦理/诚信的形势分析、科研伦理/诚信建设的国际经验以及先进人物的经验分享等内容，医疗卫生机构科技工作者对这几项的需求比例都较高，分别为69.0%、66.7%、60.2%和56.1%，均高于其他各种类型的单位。

（3）讲座是科技工作者最喜欢的伦理培训形式

讲座是科技工作者最乐于接受的科研伦理培训形式。科技工作者乐于接受的培训形式依次为讲座、短期集中培训、研讨会/经验交流会、线上学习、参观学习和脱产学习，各自分别占比为54.1%、46.4%、44.4%、40.4%、35.1%和17.9%；需求最高的三种形式分别是讲座、短期集中培训、研讨会/经验交流会。

（三）小结与政策建议

第一，在高等院校普遍开展科研伦理课程教育。一是加强高等院校特别是理工类高等院校的大学生中开展科研伦理、科技与社会方面的全校公选课程，将其作为通识教育的重要组成部分；二是将科研伦理课程作为研究生的必修课程，对于较多涉及科研伦理问题的特定专业增加与伦理规范相关的实践培训环节；三是加强对高等院校教师特别是研究生导师的科研伦理培训，充分发挥导师在科研伦理教育方面的"示范员"作用。

第二，建立科技工作者科研伦理在职培训制度，提高培训覆盖率、增强培训内容的专业性和针对性。一是探索建立科技工作者科研伦理培训制度，鼓励各有关单位将科研伦理培训作为入职培训和年度培训的内容，强化法人单位在科研伦理培训方面的主体责任；二是建立科研伦理培训专家库，探索建立一支专业化的科研伦理培训人才队伍；三是充分发挥全国性及各省市科技社团、学会/协会在科研伦理培训课程开发、效果评估、经验交流等方面的作用。

第三，构建便捷的科研伦理政策、知识传播融媒体平台，营造科研伦理良好舆论生态。一是充分利用信息技术手段，建设全国科研伦理知识传播和教育的融媒体平台；二是中国科协等部门及时解读国家科研伦理治理方面的政策、规范和要求，支持科研伦理专家、科研人员等主动发声，传播正确的科研伦理知识和理念；三是加强对各类媒体从业人员的科学素养和科研伦理知识培训，更好发挥其在科研伦理知识传播、引导公众参与科研伦理治理等方面的积极作用。

第四，在保证科研伦理课程系统性和实用性的同时，要进一步增加课程的趣味性。一是确保当前科研伦理课程的系统性和实用性，使得从本科到博士阶段的学生都能从伦理课程中学到相应领域的伦理规范等知识，增强他们的伦理意识；二是进一步加强科研伦理课程的趣味性，可以采用多元的教学方法，如观看探讨科研伦理的影片、涉及科研伦理的案例分析等，帮助未来的科技工作者更好地理解科研伦理的意义和价值。

六、机构伦理审查

（一）科技工作者对伦理审查的认知

1. 一成科技工作者向所在单位的审查机构提交过伦理审查申请

调查显示，10.7% 的科技工作者向所在单位提交过伦理审查申请，在向单位提交过伦理审查的科技工作者中，5.3% 的人发表论文时提交过，9.4% 的人在申请项目时提交过，1.6% 的人在其他情况下提交过。

在医疗卫生机构工作的科技工作者中，58.3% 的人提交过伦理审查申请，这一比例明显高于高等院校（16.1%）、科研院所（7.5%）、其他单位（3.1%）和企业（3%）。28.9% 的日常工作经常接触科研伦理议题的科技工作者提交过伦理申请，而不经常接触科研伦理议题的科技工作者该比例则为 5.5%。日常工作经常接触科研伦理议题的科技工作者提交伦理审查申请的比例不高，可能与其所在单位未建立伦理审查机构有关。

2. 不足三成科技工作者认为自己了解伦理审查

图 5-29 所示为科技工作者对伦理审查的了解状况。2020 年科技工作者中分别有 25.4%、49.5%、18.2%、6.9% 对伦理审查表示没听说过、听说过但不太了解、比较了解和非常了解。而在 2014 年，这一比例分别为 20.4%、43.2%、24.8% 和 11.6%。从 2014 年到 2020 年了解伦理审查的科技工作者比例呈现出明显的下降趋势，从 36.45% 下降到 25.1%，下降超过 10 个百分点。

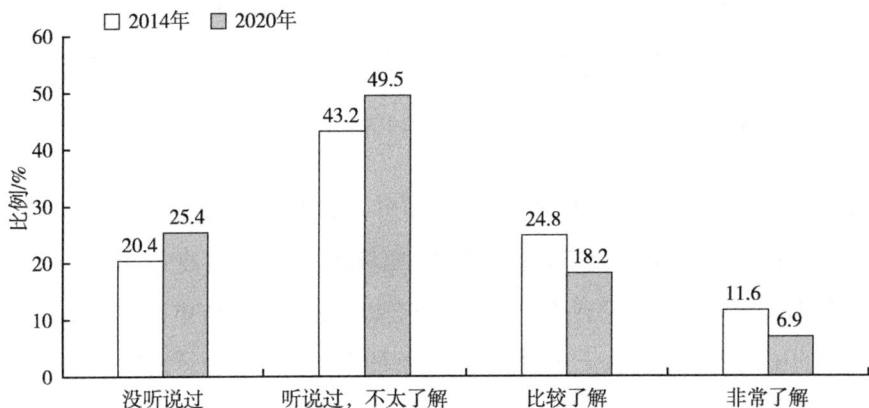

图 5-29　科技工作者对伦理审查的了解状况

分单位类型来看，87.1% 的企业科技工作者、53.0% 的 985/211 院校的科技工作者没有听说过或只是听说过但不太了解伦理审查。相对而言，有 37.4% 的医疗卫生机构科技工作者不了解伦理审查（其中 7.2% 的人没有听说过，30.2% 的人听说过但不太了解），在各类科技工作者中占比最低。

3. 近四成科技工作者担心科研伦理审查耗费科研人员过多时间

图 5-30 所示为科技工作者对"科研伦理审查耗费了科研人员太多的时间和精力"说法的态度。2020 年分别有 6.2%、33.1%、32.5% 和 4.5% 对"科研伦理审查耗费了科研人员太多的时间和精力"这一说法的态度为完全同意、比较同意、不太同意和完全不同意。2014 年，这四个比例分别为 7.1%、27.0%、49.6% 和 10.1%。2014 年和 2020 分别有 6.2% 和 23.7% 表示说不清。

进一步分析发现，在明确知道本单位目前设立了伦理（审查）委员会的科技工作者中，38.3% 的人赞同上述说法，与明确表示目前本单位还没有设立伦

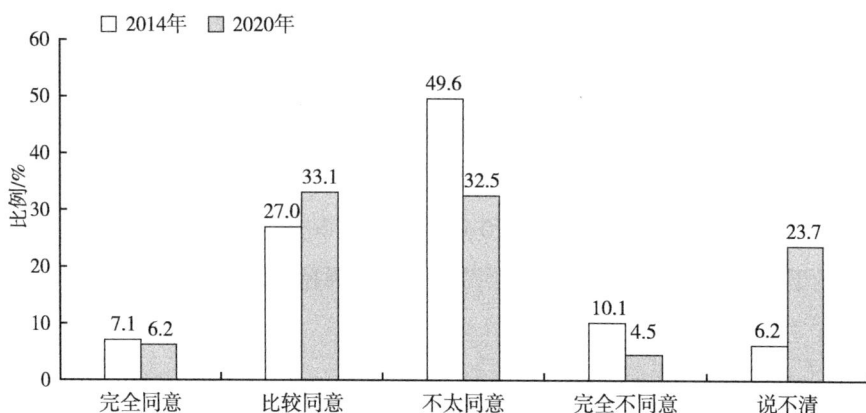

图 5-30　科技工作者对"科研伦理审查耗费了科研人员太多的时间和精力"说法的态度

理（审查）委员会的科技工作者比例基本相当（40.7%）。但是，在前一类科技工作者中，有 51.0% 的人明确反对上述说法，明显高于后一类科技工作者（38.7%）。

同时，在向本单位伦理（审查）委员会提交过伦理审查申请的科技工作者中，39.4% 的人明确赞同上述说法，36.6% 的人明确反对上述说法，这两个比例在没有向本单位伦理（审查）委员会提交过伦理审查申请的科技工作者中分别为 35.6% 和 48.0%。上述结果一方面表明确实有部分提交单位伦理审查经历的科技工作者认为伦理审查耗费了太多时间，另一方面也表明科技工作者对科研伦理审查耗费过多时间的疑虑，在一定程度上是由于对伦理审查不了解而产生的过度担忧。

（二）科技工作者对机构伦理（审查）委员会的评价

1. 不足两成科技工作者明确表示所在单位设立了伦理（审查）委员会

此次调查询问了科技工作者所在单位是否有伦理（审查）委员会。从图 5-31 可知，在对所在单位伦理（审查）委员会设置情况了解方面，分别有 33.9% 的科技工作者表示所在单位没有设置伦理（审查）委员会，有 46.4% 的科技工作者不清楚所在单位是否设置伦理（审查）委员会，仅有 19.7% 的科技工作者明确表示所在单位设置了伦理（审查）委员会，科技工作者群体对科研伦理关注度不高。

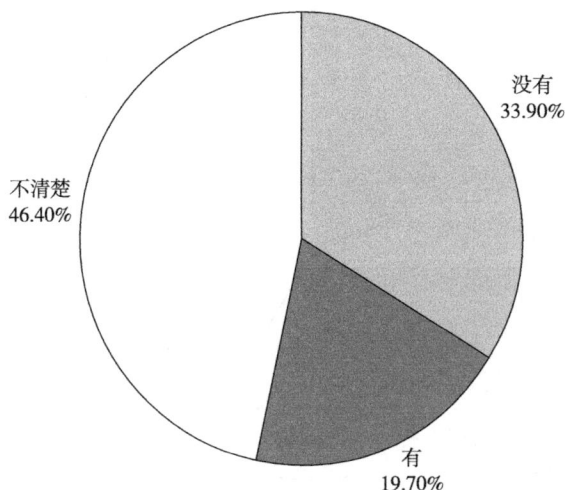

图5-31　科技工作者所在单位伦理（审查）委员会设置状况

在正高级职称、副高级职称、中级职称、初级职称科技工作者中，分别有31.4%、23.1%、21.1%、19.6%明确表示所在单位有伦理（审查）委员会，分别有40.7%、37.7%、42.6%、50.1%的科技工作者对所在单位伦理（审查）委员设置状况表示不清楚。在医疗卫生机构工作的科技工作者中有68.3%明确表示所在单位有伦理（审查）委员会，其比例远高于在其他类型单位工作的科技工作者。

2. 在明确知道本单位设立了伦理（审查）委员会的科技工作者中，约两成不知道伦理（审查）委员会的成员构成

图5-32所示为明确知道本单位设立了伦理（审查）委员会的科技工作者对所在单位伦理（审查）委员会成员的了解程度。在这部分科技工作者中，有41.2%表示知道大部分成员，40.6%表示知道少部分成员，还有18.2%表示几乎不知道，只有四成科技工作者明确表示知道所在单位伦理（审查）委员会大部分成员。

3. 在明确知道本单位设立了伦理（审查）委员会的科技工作者中，超过八成科技工作者认为科研伦理审查委员会发挥了作用

图5-33所示为科技工作者对所在单位设立伦理道德审查机构必要性的看

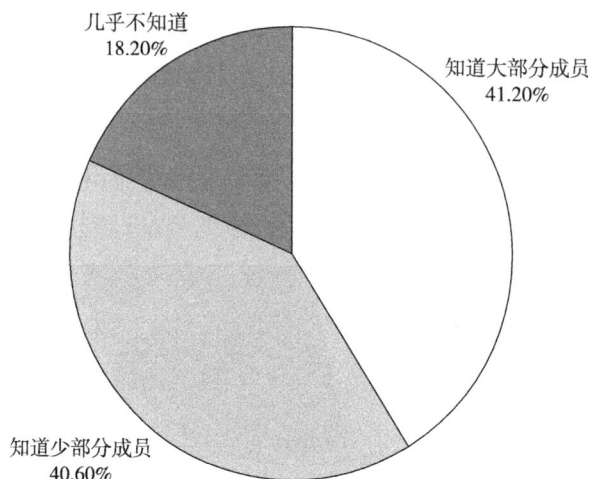

图 5-32 相关科技工作者对所在单位伦理（审查）委员会成员的了解程度

法。在科技工作者中有 44.9% 表示有必要在单位设立伦理道德审查机构，有 17.0% 表示没必要，还有 38.1% 表示不清楚。

进一步分析发现，认为本单位有必要设立科研伦理（审查）委员会的比例，在医疗卫生机构科技工作者、985/211 院校科技工作者、中央科研院所科

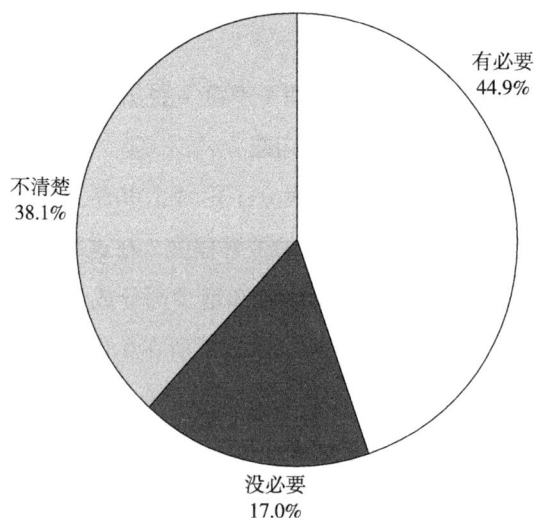

图 5-33 科技工作者对所在单位设置伦理道德审查机构必要性的看法

技工作者中分别为75.6%、70.3%和56.3%，明显高于在其他类型单位工作的科技工作者。同时，在明确表示本单位目前还没有设立科研伦理（审查）委员会的科技工作者中，分别有34.2%和36.3%的人认为本单位有必要设立科研伦理（审查）委员会，仍有三成（29.5%）的人表示不清楚。在不清楚本单位目前是否设立了科研伦理（审查）委员会的科技工作者中，35.6%的人认为本单位有必要设立科研伦理（审查）委员会。上述结果表明有相当部分的科技工作者对单位伦理（审查）委员会机构建设提出了需求。

（三）小结与政策建议

伦理审查体系建设是提高科研伦理治理能力的关键抓手。新时期，必须进一步加强伦理审查体系建设，提高伦理审查能力，为全国科技创新中心建设提供重要支撑。通过对全国科技工作者调查数据的分析发现，当前，我国科技工作者对伦理审查的了解程度较低，相较于2014年，科技工作者对伦理审查的了解和认识程度呈现下降趋势，并且部分科技工作者对科研伦理审查的意义和价值认识不足，伦理（审查）委员会机构建设滞后，亟须大力推进伦理审查机构建设，加快完善科研伦理审查体系。

第一，成立伦理委员会，积极推进重点领域科研伦理审查制度和审查机构建设。一是成立科研伦理（审查）委员会，其主要职责包括：为科研伦理治理提供决策咨询，出台科研伦理审查程序和规范、科技工作者伦理守则等规范性文件，为相关机构的伦理（审查）委员会建设提供指导；二是积极推进信息科技（人工智能、大数据等）、生物医药等重点领域成立行业伦理（审查）委员会；三是帮助新建的和现有的科研伦理（审查）委员会加强能力建设，提高伦理审查质量和审查效率。

第二，完善政府科技计划管理、论文发表、成果转移转化等领域的科研伦理审查制度。一是推动高等院校、科研机构、医疗卫生机构、企业等落实科研伦理管理的主体责任；二是强化科技计划项目中的伦理审查要求，进一步明确科技计划项目伦理审查原则、标准、流程等内容；三是规范学术期刊成果发表过程中的伦理审查制度，建立专利申请、技术成果转移转化过程中伦理审查备案制度，倒逼相关机构和人员加强科研伦理管理。

第三，加强科研伦理审查人才队伍建设。一是加强对现有机构科研伦理（审查）委员会成员的知识和技能培训，提高其履职尽责能力；二是设立"机构伦理审查人才队伍建设专项行动计划"，从科研人员、科技管理人员及有志于科研伦理审查事业的优秀青年中选拔一批人员，对其进行系统化的科研伦理审查理念、规范和技能培训；三是充分发挥专业学会、协会在科研伦理审查人才培养、资格认证、职业评价等方面的作用。

七、国际科研伦理治理合作

科研伦理是国际共同关注的一个问题，但由于文化、制度差异，以及激烈的国际科技竞争等各种原因，各国在科研伦理准则、管理体制机制等方面都还存在较大分歧和争论。近年来，"贺建奎事件""头颅移植术"，以及"黄金大米"等事件也引起了国内外科技界的广泛关注和激烈争论。调查发现，我国科技工作者对我国科研人员伦理水平，特别是我国科研伦理规范与国际接轨的态度存在较大分歧。

（一）我国科研人员科研伦理水平与国际先进水平的差距

本次调查询问了受访者如下问题："假设当前欧盟国家科研人员的科研伦理水平是100分，您认为中国科研人员现在的总体科研伦理水平可以打多少分？"数据显示，8.5%的科技工作者打出的分数高于100分，91.5%的科技工作者打出的分数不超过100分——给出的分数的平均分为86.5分。进一步分析发现，科研人员中，有6.7%的人打出的分数高于100分，而在其他科技工作者中，这一比例为9.7%；对于打分不超过100分的科技工作者而言，科研人员和其他科技工作者差别不大（平均分分别为86.3分和86.7分）。同时，在有海外学习工作经历的科技工作者中，有4.4%打出的分数高于100分，而没有在海外学习工作经历的科技工作者中，这一比例为8.9%；对于打分不超过100分的科技工作者而言，有海外经历和没有海外经历的科技工作者打出的平均分分别为 84.5 分和 86.7 分。

在 2014 年的调查中，5.0% 的科研人员打出的分数高于 100 分，0.4% 的科研人员给出了 100 分，94.6% 的科研人员打出的分低于 100 分，100 分及以下的打分的平均分仅为 48.1 分。与 2014 年相比，2020 年我国科研人员对我国总体科研伦理水平的评价有明显改善。

（二）科技工作者对我国科研伦理规范与国际接轨的态度

1. 超三成科技工作者在是否与国际科研伦理规则接轨上持"实用主义"态度

本次调查询问了受访者如下两个问题：①据报道，有欧美发达国家的科研人员把一些不符合其本国科研伦理要求或存在伦理争议的研究转移到我国开展。据您所知，此类现象多吗？②针对这种情况，您觉得应不应该允许他们来中国开展研究？调查数据显示，4.7% 的科技工作者认为上述现象"非常多"，10.4% 认为"比较多"，二者合计为 15.1%，还有 7.1% 认为"不太多"、16.2% 认为"几乎没有"，61.6% 回答"不知道/无法判断"，如图 5-34 所示。

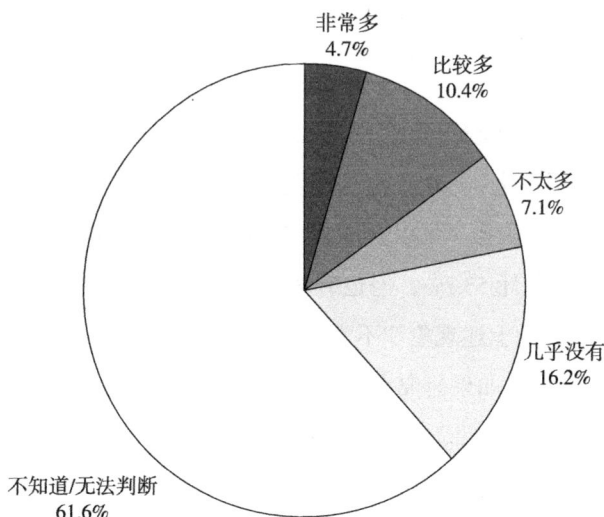

图 5-34　科技工作者对"欧美发达国家的科研人员把不符合其本国科研伦理的研究转移到中国开展的现象是否多"这一问题的态度

对于第二个问题，10.6% 的科技工作者认为"可以允许"，22.5% 认为"如果研究在科学上是领先的，可以允许"，二者合计 33.1%，另外还有 32.4% 认为"不允许"，34.5% 回答"不知道／无法判断"，如图 5-35 所示。

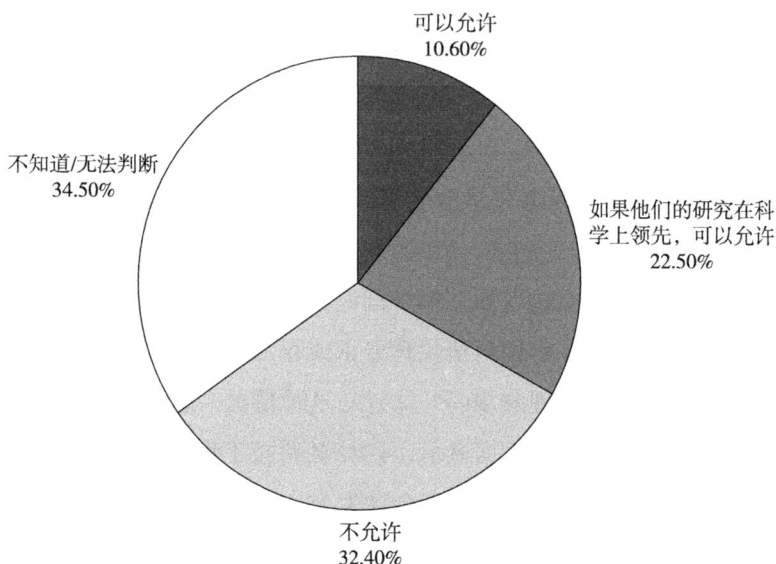

图 5-35　科技工作者对"应不应该允许国外科研人员将不符合本国伦理的研究转移到中国开展"的态度

　　认为上述现象"比较多"的科技工作者，对与国际科研伦理规则接轨问题上的态度更"两极化"。进一步分析发现，在认为上述现象"比较多"的科技工作者中，24.5% 认为"可以允许"，29.2% 认为"如果研究在科学上领先，可以允许"，二者合计 53.7%，但也有 37.1% 明确表示"不允许"，9.3% 表示"无法判断"；在认为上述现象"不太多"的科技工作者中，22.6% 认为"可以允许"，33.5% 认为"如果研究在科学上领先，可以允许"，二者合计 56.1%，22.4% 明确表示"不允许"，21.5% 表示"无法判断"。另外，在不了解上述现象的科技工作者中，2.7% 认为"可以允许"，16.7% 认为"如果研究在科学上领先，可以允许"，另外还有 35.0% 明确表示"不允许"，45.6% 表示"无法判断"。

离技术应用越近的科技工作者，在对与国际科研伦理规则接轨上越可能持"实用优先"的态度。分析还发现，高等院校、科研院所、医疗卫生机构和企业科技工作者中，分别有 29.6%、26.9%、32.8% 和 37.1% 的人认为"可以允许"或"如果研究在科学上领先，可以允许"。这意味着在与国际科研伦理规则接轨问题上，研究部门（高等院校和科研院所）与应用部门特别是市场化应用部门（企业）存在一定的差别。具体而言，离应用越近，在与国际科研伦理规则接轨上越可能持"实用优先"的态度。

2. 超三成科技工作者认为加强科研伦理是西方国家束缚中国科技进步的手段

本次调查还询问了科技工作者如下问题：您同意以下关于科研伦理的陈述吗？——加强科研伦理是西方国家束缚中国科技进步的手段。图 5-36 数据显示，5.3% 的科技工作者表示"完全同意"这一说法，25.0% 表示"比较同意"，二者合计 30.3%，但也分别有 38.5% 和 8.8% 表示"不太同意"和"完全不同意"，二者合计 47.3%。另外有 22.4% 表示"说不清"。

科研人员中有海外学习工作经历的科技工作者更不赞成。进一步分析发现，在科研人员中，同意和不同意的比例分别为 26.5% 和 55.9%，这两个比例在其他科技工作者中分别为 32.8% 和 41.7%；在有海外学习工作经历的科技工作者中，同意和不同意的比例分别为 24.6% 和 60.5%；在其他科技工作者中分别为 30.9% 和 45.8%。

3. 近七成科技工作者认为科研伦理应该根据不同国家的发展水平和文化传统保持多样性

本次调查还询问了科技工作者如下问题：您同意以下关于科研伦理的陈述吗？——科研伦理应该根据不同国家的发展水平和文化传统保持多样性。数据显示，15.5% 表示"完全同意"上述说法，53.4% 表示"比较同意"，二者合计 68.9%，但也分别有 11.3% 和 2.8% 表示"不太同意"和"完全不同意"，二者合计 14.1%。另外 17.0% 表示"说不清"。进一步分析发现，对于这一观点，科技工作者内部各群体之间差异不大。

图例：□ 完全同意　□ 比较同意　▨ 不太同意　▨ 完全不同意　■ 说不清

		完全同意	比较同意	不太同意	完全不同意	说不清
是否研究人员	是	4.5	22.0	44.9	11.0	17.6
	否	5.8	27.0	34.3	7.4	25.5
是否有海外经历	有	4.0	20.2	47.6	13.9	14.3
	没有	5.4	25.5	37.5	8.3	23.2
总体		5.3	25.0	38.5	8.8	22.4

比例/%

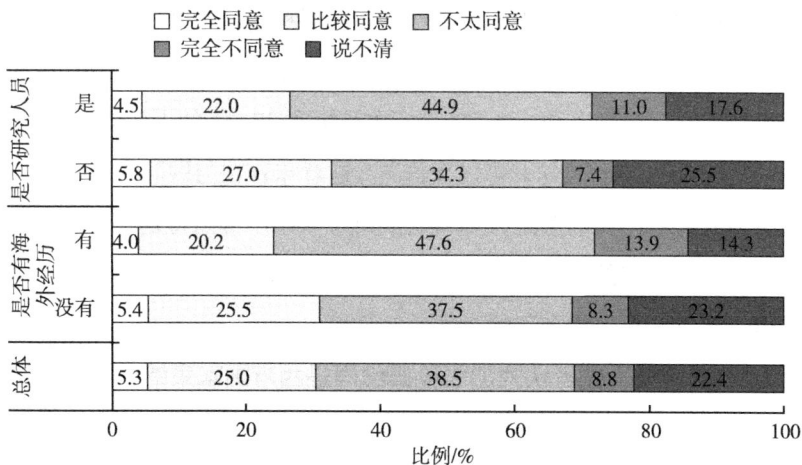

图 5-36　不同类型科技工作者对"加强科研伦理是西方国家束缚中国科技进步的手段"
这一说法的态度

（三）小结与政策建议

一是积极参与国际科研伦理治理，让国际社会更多了解和理解中国，塑造负责任大国形象。国家科研伦理委员会及各专业领域的伦理委员会要不定期发布科研伦理前沿研究报告，及时向国际社会阐明中国科研伦理立场、方案和实践经验，并代表中国参与国际科研伦理合作和相关规则的讨论，增强中国话语权。

二是加强对科研伦理违规机构和个人的调查和联合惩戒，及时回应国际关切，着力解决由于规则和标准差异等原因造成的"双重标准"和"伦理倾销"问题。

三是鼓励和支持我国科研人员及科研伦理学、社会学等领域的专家走出去，参与国际科研伦理前沿问题的讨论、交流和合作研究，对国际热点伦理问题积极发声，警惕和粉碎西方个别反华人士试图利用伦理问题遏制中国科技发展的企图，对试图利用伦理事件抹黑我国的行径予以有力回击。

四是鼓励和支持我国科研人员及科研伦理学、社会学等领域的专家积极参与相关国际组织工作，参与国际标准和规范制定，更多在国际刊物和媒体上发声。建立对科研伦理治理问题的国内外跨学科交流机制。定期组织国内外科学家与公众沟通专家、危机干预专家、社会学者、伦理学家及媒体从业人员，就科研伦理前沿议题及国内外治理经验教训等进行研讨、座谈和交流。

八、政策建议

基于上述调研发现，我们认为应该从以下几个方面加强我国科研伦理的管理，增强科技工作者的科研伦理意识。

（一）加强科研伦理规范和原则的宣传普及

一是相关学术团体、新闻媒体和科研单位等各类机构，应加强对科研伦理规范、原则的宣传力度，通过专题培训、各类宣传片教育片等多种渠道，普及科研伦理知识及加强伦理治理的作用和意义，优化科研伦理大环境。特别是中国科协及其下属学会，应在传播科研伦理知识和理念方面发挥更大的作用。二是充分利用信息技术手段，构建便捷的全国科研伦理知识传播和教育融媒体平台，开展线上培训和宣传普及活动。三是加强对各类媒体从业人员的科学素养和科研伦理知识培训，更好发挥大众媒介在科研伦理知识传播、引导公众参与科研伦理治理等方面的积极作用。

（二）加大对违反科研伦理行为的监督和惩治力度

一是加强各类社会监督，建立健全举报制度，让科技工作者变被动为主动，有合法途径表达。二是加强立法和对违背科研伦理行为的惩治力度，进一步细化科研伦理不端行为表现和惩治措施，对各类违规行为进行分级分类，视对人、对动物、对社会、对环境造成影响的规模或严重程度，给予相应的处罚，加强对科研伦理违规机构和个人的调查和联合惩戒。三是规范各类项目资助方和利益相关方的行为，使其不得因提供项目资金而对科研人员提出各类不符合科研伦理的要求，防止资本的力量控制和扭曲科研行为。四是进一步健全科研伦理规范体系，动员各专业力量参与编撰统一的、标准的科研伦理规范内容，注重对实践中问题和经验的总结。

（三）进一步加强科研伦理学校教育与在职培训

一是加强高等院校本硕博的科研伦理课程教育，在理工类高等院校普遍开展科研伦理课程教育。将科研伦理、科技与社会方面的全校公选课程作为通识教育的重要组成部分，并作为研究生的必修课程。对于较多涉及科研伦理问题的特定专业和重点领域如生命科学、互联网、工程技术及其他经常涉及伦理议题的领域，应增加与伦理规范相关的实践培训环节。二是加强对高等院校教师特别是研究生导师的科研伦理培训，充分发挥导师在科研伦理教育方面的"示范员"作用。三是建立健全科技工作者科研伦理定期培训制度，鼓励科研单位将科研伦理培训作为入职培训和年度培训的内容，强化法人单位在科研伦理培训方面的主体责任，提高培训覆盖率。四是加强专业化的科研伦理培训人才队伍建设，充分发挥全国性及各省市科技社团、学会／协会在科研伦理培训课程开发、效果评估、经验交流等方面的作用，探索建立培训专家库。五是充分利用各类线上学习平台，建立健全科研人员线上学习机制，并针对不同类型科技工作者，进行有针对性的培训，增强培训内容的专业性、针对性和趣味性，将国际与国内涉及伦理议题的案例与科技工作者的实际工作结合起来，提高科技工作者对伦理议题的兴趣和敏感性。

（四）加快建立健全国家科研伦理审查体系

一是进一步推进大学、科研机构及前沿科技型企业的伦理审查机构建设，完善科研伦理审查体系，强化机构的主体责任。重点推进生命科学、信息科技（人工智能、大数据等）、工程建设等重点领域机构伦理（审查）委员会和相关伦理审查制度的建设，做到应建尽建；积极推进生物医药等重点领域成立行业伦理（审查）委员会。二是完善政府科技计划项目申报、论文发表、成果应用等领域的科研伦理审查制度。进一步强化科技计划项目申报和验收中的必要伦理审查要求，明确科技计划项目伦理审查原则、标准、流程等内容；规范学术期刊成果发表过程中的伦理审查制度，建立专利申请、技术成果转移转化过程中伦理审查备案制度，倒逼相关机构和人员加强科研伦理管理。三是充分发挥专业学会、协会在制定和完善科研伦理规范、研究咨询、教育培训、专业化伦理审查人才培养等方面的作用，帮助新建的和现有的机构伦理（审查）委员会加强能力建设，提高伦理审查质量和审查效率。四是制订"机构伦理审查人才队伍建设专项行动计划"，加强科研伦理审查人才队伍建设，加强对现有机构科研伦理（审查）委员会成员的知识和技能培训，提高其履职尽责能力。

（五）积极参与国际科研伦理治理合作

一是积极参与国际科研伦理治理，让国际社会更多了解和理解中国。国家科研伦理委员会以及各专业领域的伦理委员会应及时向国际社会介绍中国科研伦理立场、方案和实践经验，积极参与国际科研伦理合作和相关规则的讨论制定，增强中国话语权。二是及时回应国际关切，着力解决由于规则和标准差异等原因造成的"双重标准"和"伦理倾销"问题。三是鼓励和支持科研人员及相关专家"走出去"，积极参与相关国际组织工作、国际标准和规范制定以及科研伦理前沿问题的讨论、交流和合作研究，对国际热点伦理问题积极发声，对试图利用伦理事件抹黑我国的行径予以有力回击。四是建立对科研伦理治理问题的国内外跨学科交流机制，就科研伦理前沿议题及国内外治理经验教训，加强科学家之间、科学家与公众之间的沟通交流。